FAO中文出版计划项目丛书

青年与联合国全球联盟
学习和行动系列

能 源

挑战徽章
训练手册

联合国粮食及农业组织 编著

张龙豹 李骏达 高战荣 等 译

中国农业出版社
联合国粮食及农业组织
2022 · 北京

引用格式要求：

粮农组织和中国农业出版社。2022年。《青年与联合国全球联盟学习和行动系列：能源挑战徽章训练手册》。中国北京。

02-CPP2021

本出版物原版为英文，即 *YUNGA learning and action series:Challenge badge energy*，由联合国粮食及农业组织于2019年出版。此中文翻译由农业农村部国际交流服务中心安排并对翻译的准确性及质量负全部责任。如有出入，应以英文原版为准。

FAO中文出版计划项目丛书

指 导 委 员 会

目录

青年与联合国全球联盟学习和行动系列

寄语

> 能源是当今世界面临的几乎所有重大挑战和重大机遇的核心关注——无论是就业、安全、气候变化、粮食生产或是增加收入——人人获得能源至关重要！

你能想象没有能源的生活吗？那几乎是不可能的！我们的生活确实离不开能源，但我们不会经常停下来思考为什么能源如此重要。我们使用能源来烹饪食物、取暖或降温、照明、交通运输等。在全球范围内，人们正在使用越来越多的能源。然而，当前并不是所有人都能获得所需的能源。与此同时，燃烧依然是大部分能源的使用方式，但燃烧这种方式不仅破坏地球环境，而且损害人体健康。为了促进"人人都能享有清洁能源和可再生能源"这一目标的实现，2014—2024年被正式设定并宣布为"联合国人人享有可持续能源十年"。联合国一直在努力消除贫困和鼓励可持续发展。2014年，联合国制定了可持续发展目标，从17个领域着手采取行动来改变世界，其中一个目标就是获取可持续能源——目标7：确保人人获得负担得起的、可靠和可持续的现代能源。世界上有足够的清洁可再生能源供每个人使用；然而，我们需要共同计划并携手合作，确保人人何时何地都能获取所需的能源。

打开这本手册，尽情去探索、去玩耍、去发现吧，在享受过程的同时，没准能想出一些巧妙的点子来帮家里节约能源。要记住，你今天节约能源的行动和想法，将会对世界产生积极影响。能源就在我们每天所做的每件事情之中！

让我们负责任地使用能源吧！

青年与联合国全球联盟相关活动得到了以下各位大使的支持：

安 谷
(Anggun)

卡尔·刘易斯
(Carl Lewis)

黛比·诺娃
(Debi Nova)

露芳妮
(Fanny Lu)

莉亚·莎朗嘉
(Lea Salonga)

纳迪亚
(Nadeah)

诺亚（阿奇诺阿姆·妮妮）
[Noa(Achinoam Nini)]

佩肯斯
(Percance)

瓦伦蒂娜·韦扎利
(Valentina Vezzali)

青年与联合国全球联盟

大 使

安全注意事项！

亲爱的领队/老师：

挑战徽章训练手册专为辅助教学活动而设计。由于各地组织活动课的条件和环境各不相同，最终还是要由你来选定适合且安全的活动。手册给出一些能源知识活动供你参考，但你也不必拘泥于手册内容，试着和学员一起亲自设计活动，有何不可呢？

本手册后半部分列出的实践活动课为了解能源重要性和正确使用能源提供了极好方法，但一定要注意安全，千万不要受伤。能源有多种用途，但其中，电比较危险。因此，学习如何正确使用能源、防范能源的不利影响尤为重要。策划活动课时要细心谨慎，确保有足够的成年人支持来保障自身安全，接近电源、火源或者其他任何形式的能源时尤其要小心。青年儿童在任何情况下使用能源都应有成人监督。请注意下页中列举的常规预防措施，并在开展任何活动之前仔细评估还需要考虑哪些安全问题。

电的杀伤力！
<u>禁止</u>靠近电源或者玩电。
任何与电相关的活动请在监督下进行。

常见的注意事项有：

照顾自己

* 小心使用尖锐物体和电气设备。
* 请勿触摸电源线，远离公用电箱。
* 请勿触摸电器设备的内部。
* 请勿将手指或其他物品塞入电源插座。
* 在更换灯泡之前，牢记关掉电闸。
* 保持电器远离水源，用干手插拔电器。
* 拔下电子设备时要轻拉轻拔，并收好电线。
* 请勿将金属物品放入烤箱或微波炉中。
* 不要在一个插座或插排上插入过多电器。
* 不要攀爬电线杆，不要触摸或攀爬靠近电线的树木。
* 雷电风暴期间留在室内并关闭电视和电脑。
* 不要在输电线附近或雷雨天气放风筝。
* 可将部分活动课的照片或视频上传至YouTube等网络平台，务必确保在上传前得到照片或视频中每个人包括其家长的同意。

关注自然

* 尊重自然，让大自然保持原样。
* 尽可能地回收利用活动课中使用过的材料。
* 请勿污染环境，如果找不到垃圾箱，请将垃圾带回家处理。
* 在开展特殊活动或实验之前，确保获得相关人员的许可。

可持续

发展目标

　　青年与联合国全球联盟制定倡议、开展活动、开发资源（例如联合国挑战徽章训练手册），鼓励青少年做积极公民，推动实现可持续发展目标。新的挑战徽章训练手册正在编写中，将进一步支持实现可持续发展目标。

《能源挑战徽章训练手册》聚焦助力
可持续发展目标7：

确保人人获得负担得起的、
可靠和可持续的现代能源。

　　2015年，"可持续发展目标"接棒"千年发展目标"，政府、民间社会组织、联合国机构等实体将在2030年前实现各具体目标，为所有人创造更可持续的未来。

 可持续发展目标

了解"可持续发展目标"更多信息，请参考本手册介绍或访问以下网址：

www.fao.org/yunga/global-citizens/sdgs/en；
https://sustainabledevelopment.un.org/topics/sustainabledevelopmentgoals。

17个可持续发展目标：

 1 无贫穷
在全世界消除一切形式的贫困。

 2 零饥饿
消除饥饿，实现粮食安全，改善营养状况和促进可持续农业。

 3 良好健康与福祉
确保健康的生活方式，促进各年龄段人群的福祉。

 4 优质教育
确保包容和公平的优质教育，让全民终身享有学习机会。

 5 性别平等
实现性别平等，增强所有妇女和女童的权能。

 6 清洁饮水和卫生设施
为所有人提供水和环境卫生并对其进行可持续管理。

 7 经济适用的清洁能源
确保人人获得负担得起的、可靠和可持续的现代能源。

 8 体面工作和经济增长
促进持久、包容和可持续的经济增长，促进充分的生产性就业和人人获得体面工作。

 9 产业、创新和基础设施
建造具备抵御灾害能力的基础设施，促进具有包容性的可持续工业化，推动创新。

 10 减少不平等
减少国家内部和国家之间的不平等。

 11 可持续城市和社区
建设包容、安全、有抵御灾害能力和可持续的城市和人类社区。

 12 负责任消费和生产
采用可持续的消费和生产模式。

 13 气候行动
采取紧急行动应对气候变化及其影响。

 14 水下生物
保护和可持续利用海洋和海洋资源以促进可持续发展。

 15 陆地生物
保护、恢复和促进可持续利用陆地生态系统，可持续管理森林，防治荒漠化，制止和扭转土地退化，遏制生物多样性的丧失。

 16 和平、正义及强大机构
创建和平、包容的社会以促进可持续发展，让所有人都能诉诸司法，在各级建立有效、负责和包容的机构。

 17 促进目标实现的伙伴关系
加强执行手段，重振可持续发展全球伙伴关系。

目标7

确保人人获得负担得起的、可靠和可持续的现代能源。

为什么目标7如此重要？

获得可靠且负担得起的能源不仅是我们日常生活的重要内容，对所有行业部门也至关重要，这些行业既包括商业、医疗、教育，也覆盖农业、基础设施建设、通信和高科技产业。缺乏能源供应会极大限制人类自身和经济的发展。

温室气体排放总量中约有60%来源于能源的使用，因此能源也是气候变化的重要推动因素。

多少人无电可用？

全球大约有12亿人（约占世界总人口的1/5）无法获得电能。上述人口绝大多数分布在非洲和亚洲。

无电可用，妇女和女孩不得不花费数小时徒步取水，诊所无法储存儿童疫苗，学生们无法在晚上做作业，企业也无法正常经营。

另有28亿人使用木材、木炭、动物粪便和煤炭做饭和取暖，导致每年有400万人因室内空气污染而早逝。

如何解决上述问题？

各国可通过引进可再生能源、鼓励节能实践、推广清洁能源技术和加强基础设施建设，加快向负担得起的、可靠和可持续的能源体系转变。

作为个体，你也可以为解决部分能源问题出一份力。《能源挑战徽章训练手册》将教你如何改变世界。

可持续发展目标 7 的具体目标是什么？

7.1 到2030年，确保人人都能获得可负担起的、可靠的现代能源服务（尤其是能获得清洁燃料和使用技术）。

7.2 到2030年，大幅增加可再生能源在全球能源结构中的比例。

7.3 到2030年，全球能效改善率提高一倍。

7.3a 到2030年，加强国际合作，促进获取清洁能源的研究和技术，包括可再生能源、能效，以及先进和更清洁的化石燃料技术，并促进对能源基础设施和清洁能源技术的投资。

7.3b 到2030年，增建基础设施并进行技术升级，以便根据发展中国家，特别是最不发达国家、小岛屿发展中国家和内陆发展中国家各自的支持方案，为所有人提供可持续的现代能源服务。

何不尝试与小组成员一起探索在社区层面可以助力实现哪些具体目标呢？智能手机用户还可以下载"SDGs in action"这一应用程序，创建和记录你的行动轨迹（https://sdgsinaction.com）。

挑战
徽章训练手册系列丛书

联合国挑战徽章训练手册由青年与联合国全球联盟与联合国相关机构、民间团体及其他组织合作编写出版，旨在针对青少年开展宣传教育工作、提升兴趣，鼓励青少年主动做出改变、积极改善所在社区现状。挑战徽章训练手册系列丛书适合在校教师和青年领队使用，童子军尤其适用。

已出版的训练手册请见www.fao.org/yunga。如需了解青年与联合国全球联盟的最新资讯，请联系yunga@fao. org订阅免费的青年与联合国全球联盟新闻简报。

青年与联合国全球联盟已经完成和正在编写的徽章训练手册涉及以下主题：

农业：如何以可持续的方式种植和生产粮食？

生物多样性：让我们一起努力，让世界上丰富多彩的动植物不再消失！

气候变化：加入抗击气候变化的行动，创造一个粮食安全的未来！

能源：世界既需要良好的环境，也需要电和热，如何做到两者兼得？

森林：森林是数以百万计动植物物种的家园，能够调节气候，提供必要资源。如何保障未来森林的可持续性？

性别：如何为女童和男童、女性和男性创造一个平等公正的世界？

治理：发现决策过程如何影响你的权利，如何影响全世界平等。

结束饥饿：拥有充足的食物是一项基本人权。如何为每天都食不果腹的10亿人口提供帮助？

营养：什么是健康膳食？如何做出对环境友好的食物选择？

海洋：神秘又神奇的海洋能调节温度和提供资源，而且海洋的作用还远不止于此。

土壤：土壤不好，作物不长。如何照料好脚下的土地？

水资源：水是生命之源。如何保护这无比珍贵的资源？

主动
做出改变

　　我们开展青少年工作，旨在支持青少年创造充实的生活，帮助青少年为将来做好准备，助其树立"我能为世界带来改变"的信念。实现这些目标的最佳途径就是鼓励青少年主动做出长久的改变。不健康或不可持续的行为做法导致当前出现了诸多社会和环境问题。大多数人需要改变行为方式，不仅是在某个项目（比如本挑战徽章训练项目）期间做出改变，而是要养成习惯、一以贯之。今天的青少年知道，做好事不仅仅是一项课外活动，个体的生活方式也会影响到当代人和后代人的福祉。日常行为的微小改变确实有助于创造更光明的未来。

那么，你应该怎么做呢？

　　实践证明，用对方法就能改变行为。为了让本手册的影响力长期发挥作用，应做到以下几点：

重点关注具体的、可改变的行为。

优先针对清晰、具体的行为做出改变（例如："用完电脑和其他电器设备后记得关机"，而不是笼统地说一句"节约能源"）。

鼓励主动谋划与决策。

调动青少年的主动性：自主选择活动课并制订活动方案。

大胆质疑现状，破除困难因素。

鼓励参与者审视自身行为，并思考改变行为的方法。对于做不到的事情，每个人都会找借口：没时间、没钱、不知道怎么做，等等。引导青少年将各种理由罗列出来，然后一起找到解决方法。

锻炼行动能力。

想多乘坐公共交通吗？那就做一次出行试验吧！拿到公交车时刻表并学会识读上面的信息，用地图规划路线，步行至公交车站，了解票价。想吃得更健康吗？试着按照不同食谱烹饪各类健康食材，了解自己的喜好，学会看食品标签，准备一个餐食计划本，看看商店或本地市场能买到哪些健康食材，选择自己喜欢的本地食材和应季食材，减少浪费。坚持下去，直到养成习惯。

多去户外走走。

只有足够关心，才有爱护之心。无论是附近的公园，还是无人踏足的原野，只要走进大自然，我们就会与之建立起情感纽带。事实证明，这些都能鼓励环保行为。进入公共空间（即便是市中心）和深入社区均有助于建立主人翁意识，培养对环境和身边人的责任感。

推动家庭和社区的参与。

如果能帮助一户家庭，甚至整个社区改变行为，那为什么还只关注个人层面的行为改变呢？让更多人了解相关信息，鼓励青少年说服家人朋友们也参与进来，向他们介绍自己为社区做了哪些事情。

公开承诺。

通常情况下，人们做某事时若有人见证或是签署了书面声明，往往这件事做成的可能性也会更大。所以，何不试一试这个办法呢？

监督行为改变并予以奖励。

改变行为绝非易事！要定期回顾任务情况，监督进展，并对取得的进步及时予以适当奖励。

以身作则。

你是身边青少年的榜样。他们尊重你，关注你的想法，想得到你的认可。只有以身作则，率先垂范，青少年才会由衷地支持你的主张。

与学员开展
徽章训练的建议

与学员共同开展挑战徽章训练时，除了上述鼓励行为改变的建议外，还可参考以下建议。

1 调 研

鼓励小组成员增加对能源知识的了解，认识到能源对世界的重要性以及能源与生活质量的紧密关系。可以从提高学员的能源意识着手，让大家认识到我们对能源的依赖程度——无论是开展学校工作、日常谋生或者粮食生产，方方面面都离不开能源的支持。要向学员解释人类目前面临的相互交织的两大能源挑战：一方面需要增加世界各地的能源供应，让每个人都能获得照明和取暖带来的便利；另一方面，也需要采用清洁和可再生能源，确保不破坏环境。同时也要强调，能源缺乏是如何影响人们生活的方方面面以及如何阻碍经济和社会的发展。然后，小组成员之间讨论个人选择和个人行动如何能够发挥积极作用。

2 选 择

必修活动课旨在夯实对能源相关基本概念和问题的理解，除此之外，参与者还可根据学习需求、兴趣爱好和文化背景选修其他活动，且应最大程度保障自主选课。有的活动课可由个人独立完成，有的则需分组开展。与学员或所在区域匹配度较高的其他活动亦可设为选修活动课。青少年朋友们还可以主动构思其他切合主题的活动。

3 行　动

为活动课预留充足的时间。活动过程中可以提供支持和指导，但尽量让大家独立完成。活动课的组织方式有很多，鼓励参与者在活动中主动思考、勇于创新。

4 讨　论

让参与者展示各自挑战徽章训练活动课的成果。注意到他们的态度和行为转变了吗？鼓励学员们思考日常生活对能源的依赖及对环境的影响。讨论、总结现有经验并思考如何在实际生活中继续加强运用。

5 结业仪式

组织结业仪式，表彰成功完成徽章训练课程的参与者。邀请家人、朋友、老师、记者以及社区领导参加。鼓励大家在成果展示中发挥创意，并颁发证书和挑战徽章。

6 与青年与联合国全球联盟（YUNGA）分享！

请把你的故事、照片、手绘图、想法和建议发给我们吧：yunga@fao.org。

了解更多关于青年与联合国全球联盟的信息以及加入青年与联合国全球联盟部落，请访问：www.fao.org/yunga/home/zh/。

徽章

训练的结构和课程

《能源挑战徽章训练手册》旨在让青少年儿童认识到能源对日常生活和整个地球的重要性。能源手册也有助于你制定一个适宜、有趣且参与性强的教学计划。

本手册第一部分包括相关教育主题的基本背景知识，让教师和青年领军者们不用搜索信息就可以直接准备课程和小组活动。这本徽章手册介绍了不同种类的能源、不同的能源来源及其用途，并探讨了采取何种措施实现对能源的可持续保护和管理。本部分还建议并鼓励你行动起来提高社区对能源重要性的认识。

手册的第二部分为徽章训练课程，包含启发学习、激励青少年儿童参与能源问题的活动和点子。

其他资料、实用网站和重要词汇详见手册结尾部分（文中的关键术语会像这样进行标注）。

徽章训练结构

为方便使用，并确保对所有主题予以讨论，背景知识和相关活动分为五章：

第一章 能源即生命：本章主要阐述了能源对地球生命的重要性。

第二章 能源的来源和影响：本章着眼于主要的能源来源以及对环境构成的影响。

第三章 能源的使用：本章描述了不同种类的能源以及不同人群每天使用的能源。

第四章 能源创造更美好的世界：本章探讨了能源与发展的联系。

第五章 行动起来：提出系列建议，助力日常节能并提高社区能源意识。

要求：参与者须在各章起始部分列出的两项必修活动中选做任意一项，并至少完成一项选修活动（个人自选或小组共同决定），即可获得徽章。本手册未提及但经老师或领队同意的选修活动亦可选择。

第一章　能源即生命

一项必修活动 至少一项选修活动
（1.1 或 1.2）　　（1.3 至 1.16）

+

第二章　能源的来源和影响

一项必修活动 至少一项选修活动
（2.1 或 2.2）　　（2.3 至 2.13）

+

第三章　能源的使用

一项必修活动 至少一项选修活动
（3.1 或 3.2）　　（3.3 至 3.17）

+

第四章　能源创造更美好的世界

一项必修活动 至少一项选修活动
（4.1 或 4.2）　　（4.3 至 4.14）

+

第五章　行动起来

一项必修活动 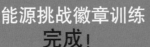 至少一项选修活动
（5.1 或 5.2）　　（5.3 至 5.17）

=

能源挑战徽章训练
完成！

各年龄段适用的活动课

为了方便你和学员选出最合适的活动课，本手册采用编号系统对适用不同年龄段的活动课做了标记。例如，标有"1级和2级"的活动课适合年龄在5～10岁和11～15岁的参与者。

但是，请注意此标记仅作参考。视具体情况，或许标为1级的课程同样适用于其他年龄段的学员。作为教师和青年领队的你应根据经验做出判断，制订适合学员的课程。本手册未提及但符合教学要求的活动亦可作为选修活动。

级别

1 5～10岁

2 11～15岁

3 16岁及以上

切记！

本手册的主要目的是教育、鼓励、激发学员学习能源知识的兴趣，在主动改变自身行为的同时推动地方和国际层面的行动。但最重要的是寓教于乐，参与者应在赢得徽章、学习能源知识及其重要性的过程中获得乐趣。

徽章训练

课程样本

以下是适合各年龄段学员的课程模板，我们以此为例介绍徽章的获取方法，帮助你制订教学计划。

级别

1 5 ~ 10 岁

2 11 ~ 15 岁

3 16 岁及以上

每项活动课都有具体的学习目标，除此之外，孩子们还将有机会锻炼以下技能：

* 团队合作
* 想象力和创造力
* 观察能力
* 文化和环境意识
* 算术和读写能力

级别

1 5 ~ 10 岁

2 11 ~ 15 岁

3 16 岁及以上

和1级类似，2级课程也有各自的具体学习目标，但同时也培养以下技能：

* 团队合作和独立学习能力
* 想象力和创造力
* 观察能力
* 文化和环境意识
* 研究能力
* 陈述和演讲能力
* 持论和辩论能力

章 节	活 动	学习目标
一 能源即生命	1.1 阳光故事	了解太阳在不同文化或宗教中的作用。
	1.5 植物生长实验	了解太阳对植物生长的重要性。
二 能源的来源和影响	2.2 实地走访	鼓励动手学习一种能源知识。
	2.7 展示化石燃料	了解化石燃料的优缺点。
三 能源的使用	3.2 无电子产品挑战	开展不使用电子产品的有趣活动。
	3.10 用电安全检查表	了解如何安全用电。
四 能源创造更美好的世界	4.1 能源来帮忙	了解能源是如何影响可持续发展目标的实现。
	4.7 健康检查	了解污染对环境和人类健康造成的影响。
五 行动起来	5.2 实现可持续发展目标	采取行动实现可持续发展目标。
	5.3 地球一小时	提高家人和朋友可持续使用能源的意识。

级别

1 5 ~ 10 岁

2 11 ~ 15 岁

3 16 岁及以上

3 级课程将培养以下能力：

* 团队合作和独立学习能力
* 想象力和创造力
* 观察能力
* 文化和环境意识
* 技术能力和解决复杂问题的能力
* 陈述和演讲能力
* 持论和辩论能力

引言

背景知识

　　接下来是能源领域关键问题的概述，教师和青年领队在备课和准备活动课时无需另外收集材料。

　　当然，一节活动课只涉及部分主题，不要求所有年龄段的学员都能掌握以下全部内容，领队和教师应自行挑选最适合学员的主题和内容。

　　例如，对于年龄较小的学员，不必选择复杂的主题。对于年龄稍长的学员，则可开展进一步的学习，还可以让他们自主阅读背景知识。

能源即生命

I

能源的来源和影响

II

能源的使用

III

能源创造更美好的世界

四

行动起来

五

第一章
能源即生命

从晨曦醒来至夜幕而眠，能源无时无刻不在影响我们的生活。无论是否察觉到，能源对你的生活都至关重要。

何为能源？ 能源是可做功的物质的统称（译者注：能源是一种可以提供能量的物质），能源可在世界各地寻觅，正如我们需要空气和水，我们同样需要能源来维持生命。

我们日常做事离不开能源。能源滋养地球赋予生命，地球万物需要能源获得生长、维持生命。某一时刻，试着想象一下缺乏最基本能量来源的生活会是怎样？世界万物的能量皆来源于太阳！

太阳温暖了我们的星球，为我们带来了光明，滋润了庄稼成长。没有太阳，地球将变得黑暗、冰冷、了无生机。

的确，我们的太阳才是一颗真正的明星！

当今世界，我们需要能源来维持生存。能源使我们的生活更为惬意、做学问更为便利、娱乐活动更为丰富。能源有多种形式：光能、热量、电能、声和动能等。能源促使作物生长，用于烹饪，帮助供水，点亮家园，驱动车辆、轮船、飞机，实现冬暖夏凉。我们的身体从食物中获得能量来执行走路、跑步和玩耍的动作。无论是人类生活质量提高还是国家经济发展，都依靠能源的供应。

既然能源在我们的生活中如此重要，但当你得知以下消息时可能会感到吃惊：我们的世界面临两大能源挑战。

* 全球目前尚有超过12亿人无法用电，28亿人需要借助木材、木炭和煤来照明、取暖和烹饪。这些燃料的使用引发了众多健康问题和社会问题，这也是在后续章节中详细探讨的内容。

* 当今众多国家可提供现代能源服务，但其发电方式不仅损害和污染环境，而且不可持续。

然而我们可以一起努力找到获得能源、使用能源的方法。因此，为了应对上述挑战，联合国发起了"人人享有可持续能源十年"（SE4ALL）这一倡议，其主要目标如下：

1. 确保能普遍获得现代能源服务；
2. 全球能效改善率提高一倍；
3. 全球能源结构中可再生能源所占比重增加一倍。

"仅仅依靠能源不足以为经济增长创造条件，但能源是不可或缺的。没有各类能源的供应，工厂无法运转、商店无法经营、庄稼无法成长、货物无法运输。"

资料来源：节选自《世界能源展望2004》。

言归正传，能源到底来自哪儿？地球能源主要有两大来源：一种是来自太阳的光和热，一种是来自地球深处的热量。下面让我们仔细研究一下这两种能源吧。

1.1 来自太阳的能源

太阳（形成于距今45亿年前，略早于地球）为地球提供了能量，维持着地球上万物的生命。太阳产生的能量温暖了地球、带来了光明，同时维持着植物的生长。太阳能量还为地球上的所有生态系统带来了生命。太阳使大气层受热，受热不均产生了风和波浪，而风和波浪又是重要的能量来源。我们来看一些实例，了解一下太阳产生的能量如何得到利用，并转换成地球上其他形式的能源。

光合作用（Photosynthesis）

植物将来自太阳的光能转换成化学能（糖分），这一过程被称为光合作用。在希腊语中，"photo"意思是"光"，"synthesis"意思是"聚合"。通过光合作用，植物利用太阳光能"融合"水蒸气，从而生成糖。糖分就像小电池一样可以储存能量，用以满足植物自身的生长需求。

太阳光

氧气

二氧化碳

你知道吗？

照耀在地球上的太阳光仅一小时产生的能量就能满足全世界一整年的能源需求！问题是我们目前尚不具备储存和分发太阳能量的技术——继续为之努力吧，科学家们！

食物链

"食物链"这个词可能会让你想象食物串在一起的样子，但此处含义不同。"食物链"是指世间万物获取食物的方式，以及能量是如何在生物之间进行传递。植物自身可以通过光合作用自主产生食物，因此被称为生产者。只有植物、浮游植物、藻类和部分细菌是能够吸收光能并将其转化为化学能（糖分）的生物体。除此之外，几乎所有生物或有机体（包括人在内）都不能依靠自身机体来制造食物，需要直接进食植物或者食用从植物中获取能量的动物来获得能量：这类生物统称为消费者。

当动物食用其他动植物时，能量和营养成分就通过食物链开始流动。所有有机体自身的废弃物以及消亡后产生的分解

生产者　　　　消费者

物都会变成土壤的养分，为植物的生长创造条件。通过此种方式，植物和动物相互依赖，形成了整个食物链！

例如，食物链的起始点可以是草，兔子吃草，回头兔子又被狐狸吃掉，这就是一个简单的食物链。现实中，生命体的运作异常复杂，一种动物的饮食结构多种多样，其食源包括不同的植物和其他动物，所有这些构成了一张食物网。

⊕→ 获取更多信息请访问：
www.exploringnature.org/db/detail_index.php?dbID=
2&dbType=2t。

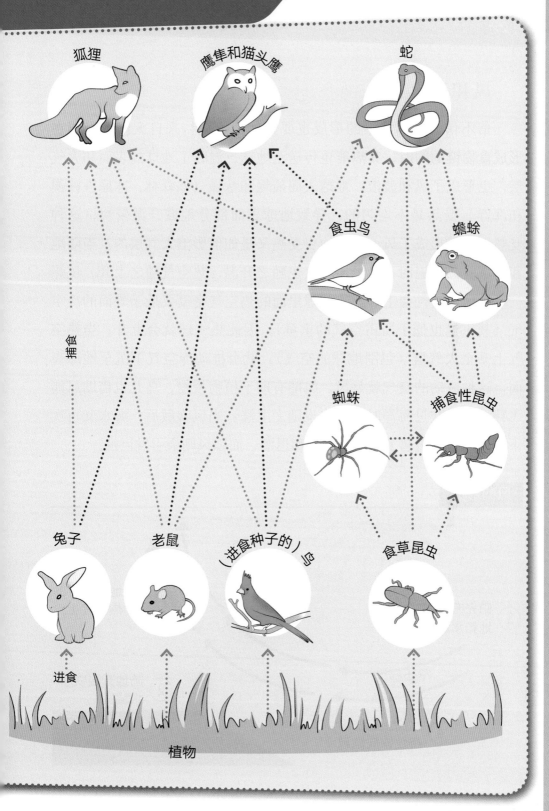

狐狸

鹰隼和猫头鹰

蛇

食虫鸟

蟾蜍

捕食

蜘蛛

捕食性昆虫

兔子

老鼠

（进食种子的）鸟

食草昆虫

进食

植物

风和波浪

信不信，风和波浪的形成也要归功于太阳！来自太阳的光能在形成食物链的同时，其**热能**也传送至地球，温暖了地球的表面和大气层，也形成了风和波浪。地球表面陆地和水域（如森林、冰原、沙漠和海洋）受热是不均匀的，导致地球表面部分地域升温较快，这种受热不均就形成了风。那么地表受热又是如何影响大气层的？当陆地和水域受热升温时，其上层空气也随之升温，热空气随之上升。试想一下为何热空气会上升？热气球里面的热空气密度要低于外面的冷空气（其**重量**也低于所占空气的重量），因此热气球就会上升。当热空气上升至**大气层**（包围地球的空气），就会推动冷空气下沉至地球表面，这种流动的空气就是风。**风能**有助于植物授粉，鸟儿也借助风能飞翔。当风吹过海洋时，海水也随之上涨；当风吹散后，海水又再次下降。因此风引起了海浪的涨潮和退潮，而强风则会引发巨浪。

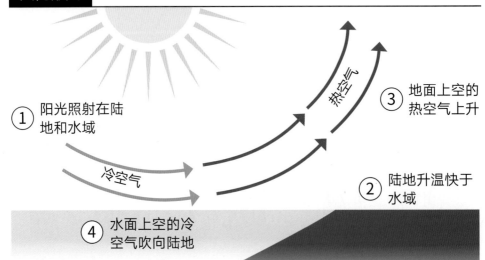

风的形成

① 阳光照射在陆地和水域

冷空气

热空气

③ 地面上空的热空气上升

② 陆地升温快于水域

④ 水面上空的冷空气吹向陆地

青年与联合国全球联盟学习和行动系列

全球风的模式

全球范围内，各地气温差形成了气压差，气压差的存在又形成了风。冷空气会形成高气压，暖空气会形成低气压。暖空气在上升的过程中，冷空气则会发生流动吹向暖空气，这就是风的形成原理。

* 在赤道地区，太阳直射地球表面，空气受热上升，形成低压区域。
* 在北纬30°和南纬30°地带，来自赤道的暖气流开始冷却并下沉。
* 在南北纬30°和赤道之间，大部分下沉的冷空气又流向赤道。
* 其余的空气则流向南北极地地区。

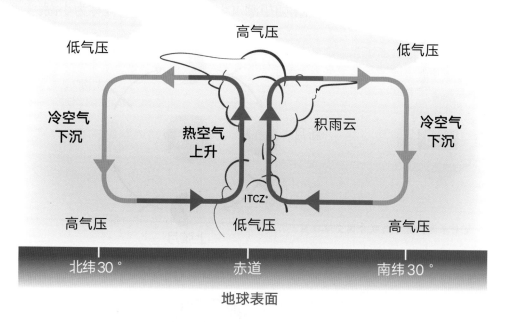

* ：热带辐合区

潮汐

海水奔涌不息。在潮汐的作用下，世界各地的海平面呈周期性的升降与涨落。潮汐的形成是月球和太阳的引潮力叠加地球自转的结果。因月球围绕着地球公转以及太阳位置的变化，潮汐的周期也有所不同。例如，某地在一天之内出现了两次涨潮和两次退潮（但是部分地区只有一次涨潮和退潮）：

1. 海面上升；

2. 达到高潮（海面升至最高）；

3. 海面下降；

4. 达到低潮（海面降至最低）。

最高潮和最低潮之间的水位差距称为潮差（潮幅）。以两周为一个周期，潮差也不断发生变化。在宽广海域，潮差通常为60厘米，而近海岸潮差会更大。其中最大潮差叫作朔望潮（大潮），最小潮差被称为小潮。

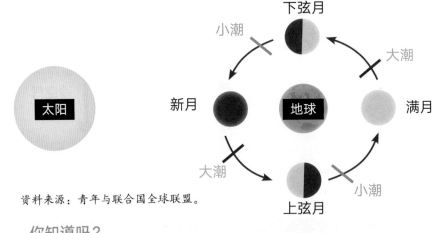

资料来源：青年与联合国全球联盟。

你知道吗？

我们可以利用潮汐产生能量。潮汐能是以位能形态出现的海洋能，是指海水潮涨和潮落形成的水的势能。

更多有关潮汐的知识请阅读《海洋挑战徽章训练手册》。

1.2 来自地球的能源

　　下次抱怨夏天多热的时候，你要庆幸自己离地心还很远。地心（地球的中心部位）是地球最热的部分，其温度高达6 000℃（10 830°F）！地核包含40亿年前地球形成时留下的热能。地表之下也有产生热量的矿物质，这是放射性粒子分解形成的。

地壳和地球内部温度

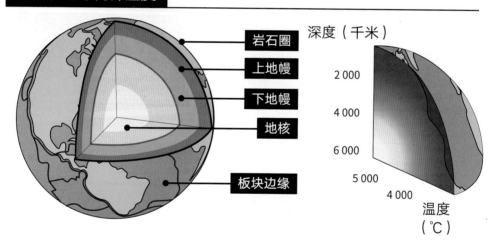

　　你知道吗？

　　地核温度有时候比太阳表面温度还要高。地表之下每下降100米，岩石温度就会升高3℃（或每下降328英尺，岩石温度相应升高5°F）。地核热量如此之多，能够转化的热量是世界现有发电量的15倍——好多电能啊！因此这是另外一种潜在的能源，科学家们仍需研究如何利用这些能源……

　　　　　　　　　　　　　　　　　资料来源：《人人享有可持续能源》。

《地心游记》

这部科幻小说（1864年法国作家儒勒·凡尔纳所著）描述了一位教授同其侄儿和一位向导通过一座火山，最终下沉到地心的经历，途中发生了一系列奇幻故事……

你也许不会亲自尝试这种经历（可能会被熔化！），但何不创作一段属于自己的探险故事呢？你能想象到地心是什么样的吗？

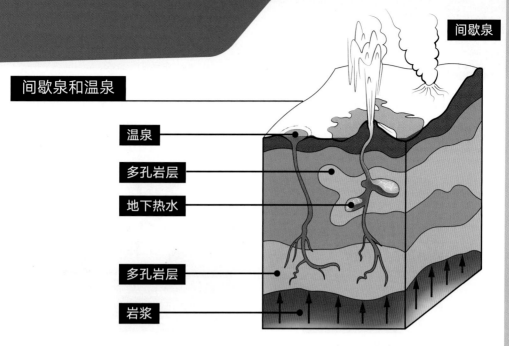

间歇泉

间歇泉和温泉

温泉

多孔岩层

地下热水

多孔岩层

岩浆

你是否见过火山喷发的画面？这实际是地球热能在运作。此类能源也被称作地热能。这一词汇源自希腊语：由geo（地球）和therme（热量）组合而成。

那何处可以开发地热能？地热储（富集和储存地热能，简称地储、储热层）通常位于地底深层，很难在地面直接探测到，但地热能自身会通过以下两种方式释放到地表：

✱ 温泉：温泉是指经地球深层岩石加热的温水，人（包括动物）在温泉中可以享受温水的沐浴。

✱ 间歇泉：顾名思义是指间断喷发的温泉，多发生在火山运动活跃的区域（译者注）。在火山区附近的水流直接喷向空中形成间歇泉。火山岩的热量会使地下泉水沸腾或接近沸腾，导致水压不断升高从而形成间歇泉。

踏入新西兰的热水海滩，伴随着退潮，热水冒泡、穿沙而出。自己动手挖一个水疗池，仰身而卧，休憩几时！

环太平洋地带是世界上地热能最活跃的地区之一，素有"火环"之称。

堪察加半岛

西马塔火山

波波卡特佩特尔火山

圣海伦斯火山

地热能对我们生存的地球表面（"地壳"）也会产生其他影响。地壳被分成大小不等的块，称为构造板块（通常简称为"板块"），地球表面由七大板块和许多较小的板块构成。观察下文地球板块分布图，看一下你属于哪个板块？

地球内部的热能驱使这些板块发生移动。这些板块就像大竹筏漂浮在地幔的软流层上。板块的厚度区间为80～400千米（50～250英里），每年通常移动几厘米。板块在经年久月的移动之中孕育了世界上最高的山峰。你还能想到板块移动会带来什么影响吗？

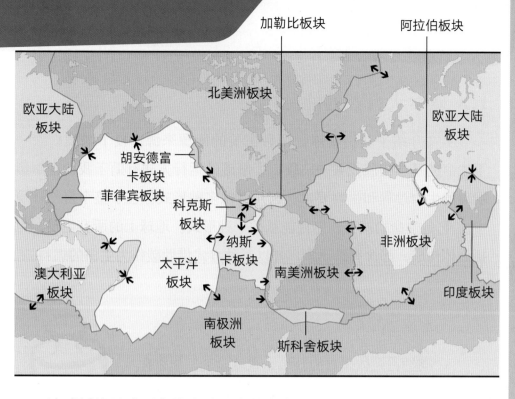

地球板块运动还会带来以下自然灾害：

* 火山爆发：来自地球核心的热熔岩即岩浆溢出地球表面（此时被称为熔岩）的一种地质现象。其成因是由板块的运动和地球内部熔岩的压力引起的。

* 地震：地球表面的震动和摇晃。当地球的板块向不同的方向移动或"摩擦"在一起时，就会发生地震。

* 海啸：指海洋中快速移动的波浪。海底地震、火山爆发或板块运动均会引发海啸。

　　上述自然灾害发生时对人类、植物和动物都异常危险。然而，可通过科学的管控方法来远离自然灾害，人类依然可以在温泉和火山附近享受生活、贴近自然。

⊕→ 获取更多信息请查询：
www.geology.sdsu.edu/how_volcanoes_work/index.html；
http://kids.discovery.com/tell-me/curiosity-corner/earth/natural-disasters。

1.3 碳＝大自然的能源

上文介绍了我们星球上两种主要的能源来源。接下来我们看一下生命的基本构成元素——碳，了解碳的运行方式有助于我们理解影响碳的生物过程和生物要素。碳元素以多种形式存在于整个自然环境中。它是生命的基石和储存能量的一种形式。地球上的所有生物，包括人体构成，都含有碳元素，并以某种方式借助碳作为生命的燃料。

你知道吗？

碳约占人体体重的18%，也就是说，如果你体重为100磅，那其中18磅为碳（译者注：1磅≈0.453千克）。

碳循环

碳元素存在于海洋、空气甚至是岩石中。碳元素无时无刻不在运动着。碳元素的流动又名碳循环（译者注：碳循环，是指碳元素在地球上的生物圈、岩石圈、水圈及大气圈中交换，并随地球的运动循环不止的现象。来源于百度百科https://baike.baidu.com/item/碳循环/854978?fr=aladdin）。通过下述碳循环，我们可以研究地球能量的流动，因为地球生命所需的大多数化学能储存在有机化合物中，并作为碳原子和其他原子之间的化学键。

在大气中，碳原子与氧原子相结合，生成二氧化碳（CO_2）。

1. 植物吸收二氧化碳、土壤水分和太阳光，并通过光合作用产生食物和能量。而植物从空气中吸收的碳也成为植物自身的构成部分。

2. 以植物作为食物来源的动物沿着食物链连接着碳化合物这一端。

3. 动物消费的大部分碳元素通过动物自身的呼吸（即呼吸作用）转化成二氧化碳，释放到大气层。

4. 当动植物死亡后，失去生命的有机体被土壤中的微生物分解，其身体中的碳元素再次返回土壤中或者变成二氧化碳释放到大气中。

5. 在某些情况下，死去的植物深埋在地下几百万年之后转化成像煤和石油这样的化石燃料。人类在燃烧化石燃料时，其所含的碳元素再次以二氧化碳的形式释放到大气中。

碳循环和氮循环

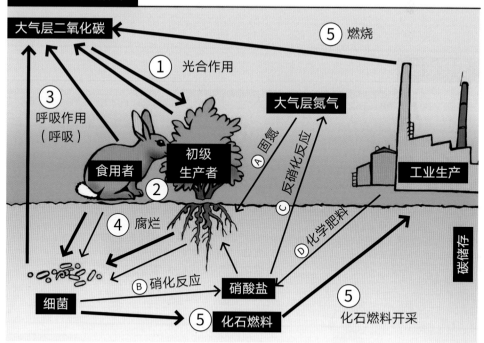

资料来源：青年与联合国全球联盟/Emily Donegan。

获取更多信息请查询：

www.youtube.com/watch?v=nzlmo8kSXiU；
https://earthobservatory.nasa.gov/Features/CarbonCycle/。

1.4 生活在温室中

你是否曾在温室中待过？你可能已注意到温室中很暖和。地球大气层中的某些气体又名温室气体，它们就像温室中的透明玻璃或塑料膜一样，将太阳热量吸进来，但不会让热量再次溢出，这一现象被称作温室效应。某种程度上，这是一件好事儿：若没有温室效应，地球平均温度将会变成-18℃（0°F），这对人类来说简直太冷了！多亏了温室效应的存在，地球的平均温度可以维持在14℃左右（57°F）。温室气体包括：水蒸气、二氧化碳、甲烷、氮氧化物和臭氧。

温室效应

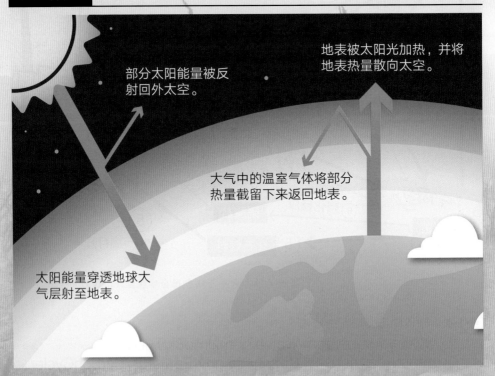

部分太阳能量被反射回外太空。

地表被太阳光加热，并将地表热量散向太空。

大气中的温室气体将部分热量截留下来返回地表。

太阳能量穿透地球大气层射至地表。

但任何事情都有正反两面性，就比如二氧化碳。四百万年来，大气层中的二氧化碳浓度已达到峰值，在为地球提供热量的同时也引起了气候变化。人类活动也直接影响大气层中二氧化碳的含量：其中四分之三来自化石燃料的燃烧，主要是汽车行驶、工厂运营过程中产生的；其次是由于毁林导致树木锐减，二氧化碳的吸收量减少，最终释放到大气中。目前人类已遭受到气候变化带来的不良影响，尤其是近年来极端天气事件和灾害次数的增加，包括旱灾、洪灾、台风以及热带风暴等。

✚→ 观看以下视频获取更多相关知识：
www.youtube.com/watch?v=x_sJzVe9P_8。

更多有关气候变化的知识请参阅《气候变化挑战徽章训练手册》。

第二章
能源的来源和影响

从上一章可以看到，所有能源最初均来自太阳或者地心。

几个世纪来，人类已经学会利用不同的能源，当然每一种能源的使用均有利弊。当前面临的主要挑战就是教育公众如何正确使用能源，以及培育新的技术来帮助世界各地的人们获得更好的、可负担起的、可靠的安全能源。

本章你将了解到当今世界通用的部分能源。

能量如何测量？

不同类型的能量其测量方式也不尽相同，部分测量单位包括焦耳、卡路里、尔格、千瓦时和英热单位（BTU），单位之间可以相互转化。在日常饮食中和使用<u>电力</u>时你是否听过上述能源单位？

我们来看一个例子：一片黄油吐司所含能量约为315千焦耳，这与你走路15分钟所消耗的能量相同，也等于90分钟内一个60瓦普通电灯泡所消耗的能量。但是，如果换上节能灯，不仅亮度与60瓦的电灯泡相同，而且消耗的能量会更少（比如11瓦），照明时间延长10 ～ 15倍，成本降低5 ～ 10倍。

一片黄油吐司		15分钟步行		90分钟照明
315千焦耳	=	315千焦耳	=	315千焦耳

<u>功率</u>是表示物体做功快慢的物理量，用瓦特来计算。你知道吗，一个人在静坐状态下每秒可产生100瓦的<u>热能</u>，这相当于一个100瓦电灯泡每秒照明所<u>消耗</u>的能量！

2.1 能量的形式

科学家将能量定义为物体做功的能力，"功"被定义为<u>一种力作用于一个物体并使该物体沿力的方向发生位移</u>。接下来我们来探索不同形式的能量。

势能

<u>势能</u>是指一个物体储存的能量。<u>势能</u>用焦耳来计算，简称为"焦"。<u>势能</u>可分为四类：化学能、机械能、原子能和重力势能。

化学能　化学能是指储存在原子和分子化学键中的能量。电池、生物质、石油、天然气和煤炭中都蕴含化学能，但仅在发生化学反应时方可观察到。例如，电池中就含有其工作时所需的化学物质。如果只是把电池放入玩具车，什么也不会发生，这是因为电池中的能量处在一种潜在静止状态。一旦启动开关，电池中的化学能就会转化成动能。同理，当木材在壁炉燃烧时或者石油在汽车发动机燃烧时，其内在的化学能就会转化成热能。另外一个例子就是食物：当我们吃饭时，食物中蕴含的化学能经消化这一过程得以释放，产生的能量一方面维持着体温，另一方面则修复人体机能，维持人体的正常行动。

机械能　机械能是指储存在物体内的势能和动能。

实际上，机械能经常被定义为物体做功的能力。例如，挤压弹簧或者拉伸橡皮筋时感受到的阻力就是机械能。某些地区经常看到的"风电场"，其原理就是利用高速的风力在涡轮机的叶片上做功，气流的机械能让空气粒子对叶片施加力并使其移动。

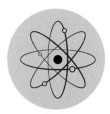

原子能 原子能是指储存在原子内部并将原子核聚拢在一起的能量。原子能可用来产生热量和发电。例如，核电站就用原子能来产生热量。

重力势能 重力势能是指物体因重力作用而拥有的能量，与物体所处高度有关。又高又重的物体本身会拥有很多的重力势能。例如，当你骑车从斜坡下来时，自行车会加速（我们建议最好减速慢骑），此时重力势能转化成动能。又比如，水电站的工作原理则是利用水流向下的重力作用于涡轮机来发电。

动能

动能是指物体做机械运动而具有的能。任何做运动的物体——无论是垂直运动还是水平运动——都具有动能。例如，流水和刮风都是动能的一种。电也是一种动能，其内部看不到的颗粒也在发生着微小的移动。

动能有五种类型：

热能 或热量，是物体内部微小粒子运动产生的能量。粒子移动得越快，产生的热量就越多。火柴是热能的典型表现，地热能是地球的热能。

辐射能 通过波束或粒子传播的能量，尤其是电磁辐射，如热量或X射线。就像篝火散发出的热量一样，几乎一切有温度的物体都会释放辐射能。 太阳光是光的一种，它通过辐射将太阳的热量输送到地球，因此也是辐射能的一种表现，而电磁波使这种传输变为可能。

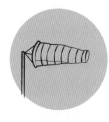

运动能量 是指物体运动中产生的能量。物体移动得越快，产生的能量越多。物体的运动需要能量的支撑，当物体减速时能量就会释放出来。风是运动能量的一种表现。

声能 当力引起物体或物质震动时所产生的能量。例如，你曾经在看音乐会演奏时可能已经注意到不同大小的乐器，乐器越大则发出的声音越低沉，而乐器越小其音高（震动）就越高。

电能 是指电子这种微小粒子运动产生的能量。如烤面包机、电视或手机，其电子在电路中不断地移动着。雷暴期间的闪电则是大自然电能的一种表现。

能量可在两种形式之间发生转换，过山车就是很典型的例子。

资料来源：https://www.enwin.com/kids/ electricity/types_of_energy. cfm。

当爬到顶端时，此时
为势能（重力势能）。

向上爬升时，动能（运动
能量）在起作用，此时能
量在运动中。

当下降时，再次
转化成动能。

什么是电?

环视一下你的住宅:数一数有多少件日用家具是依靠电来运行的?这个单子可能会很长——没有电,我们的生活将寸步难行。

电是一种能量形式,它就在我们的周围——为手机、照明灯和电脑等设备提供动力。当今世界的远转离不开电,但电来自哪儿呢?将家用电器接通电源后它怎么就会神奇地开始工作?当然,这不是魔法。这一切都源自于原子。原子是最小的颗粒,世界上万事万物都由原子构成。原子的核心部分称为原子核,由质子和中子两种微粒构成。围绕原子核的是电子,电子绕着质子和中子快速移动,这种快速移动则是电的来源。虽然我们看不到电子,但正是电子的存在大大改善了我们的生活!

然而,在自然界中是可以观察到电的踪影——正如我们所熟悉的闪电。1752年,一位名叫本杰明·富兰克林(Benjamin Franklin)

的男子对闪电抱有浓厚兴趣,做了一个相当危险的实验。他将一个金属钥匙接到风筝上,然后在雷雨交加的天气外出放风筝。果然如他预测,暴雨云产生的电流(闪电)沿着风筝线传输,他也遭受到了巨大的电击。这次实验证明了闪电实际上就是电,也为日后开展如何利用电的实验铺平了道路。

本杰明·富兰克林为何被电击？

幸运的是，我们再也无需在雷雨天气外出放风筝来证明电的存在（事实上，这是非常危险的实验，请勿尝试）！我们的日常用电来自发电厂。发电厂使用不同的能源（参见第三章）来发电。发电厂将不同类型的能源（如化学能、原子能和机械能）转化成热能和蒸汽。水蒸气推动涡轮机进行旋转（产生机械能），引起磁体绕着铜线进行旋转。通过将大磁铁靠近或远离铜线，发电厂操作电子沿着电线进行传输，为我们的生活输送电力。

电以循环的方式进行传输，首先沿着电线输送到各类建筑物和千家万户，然后又返回到发电厂。当打开电灯开关，此时电子沿着整个电流回路从发电厂流向电灯，然后再返回至发电厂。一旦电灯开关被关闭，即切断了整个电流回路的连接点，意味着电流无法输送至电灯，因此灯也熄灭。

电能是一种重要的能源类型，但是相当危险！

了解更多安全用电常识请参见本手册"安全注意事项"部分。

电流之旅

你是否好奇电流是如何从发电厂传输到我们的家庭呢？那就让我们一起了解下电流的传输，亦称输电网（电力输送网络）。

1. 发电站：上文第二章提到发电厂的发电方式分为以下几类：火电、水电和核电，其中火电是依靠化石燃料来发电，水电是将水的势能转换成电能，而核电则利用原子核裂变反应将核能转化成电能。其中火电站和核电站是借助蒸汽来推动涡轮机旋转，而水电站则利用水的势能。涡轮机推动金属线圈内的大磁铁进行旋转。蒸汽热能和势能转换成机械能。涡轮机产生的机械能进而在发电机中转化成电能。

2. 变压器：电流从发电厂通过电线传输到升压变压器，此时变压器会增加电流的压力（电压），从而使电流能够长距离传输。

3. 输电线路：电流通过电线进入到专用输电线路，输电线路可长距离传输大量高压电流。

4. 变电站变压器：高压电流进入变电站变压器后，电压降低，转化成社区用电。

5. 配电线路：电流从变电站变压器流向配电线路，配电线路位于地上或地下。

6. 杆式变压器：电流到达杆式变压器后，电压会再次降低，转化成家庭用电。有些地方的线路埋在地下，所以只能看到变压箱，而非杆式变压器。

7. 配电箱：最后一步，电流到达配电箱（电表安装位置）以备各家各户使用，现在即可轻触开关启动照明了！

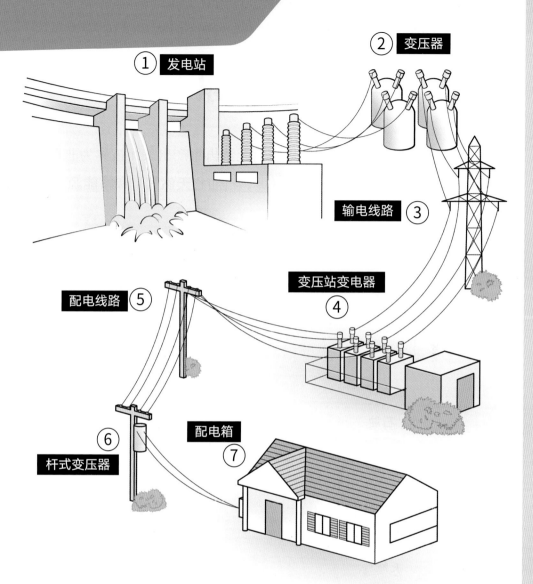

① 发电站

② 变压器

③ 输电线路

④ 变压站变电器

⑤ 配电线路

⑥ 杆式变压器

⑦ 配电箱

　　然而，<u>发电厂</u>输送的<u>电流</u>并非全部都能转化成家庭用电。约8%的电量会在传输中被消耗（资料来源：世界银行，2013）。热水供应和集中供暖所需的热量也是发电站提供，但传统发电方式也会使热量损失。而热电厂的生产方式则是从化石燃料中获得热量和电力的一种高效可行方式，目前此种发电类型作为应对全球变暖的措施而备受关注。

2.2 非再生能源

　　部分能源因其总量有限、用完后无法再生产出来而被称为**非再生能源**。非再生能源包括化石燃料（煤、石油和天然气）和核能源。

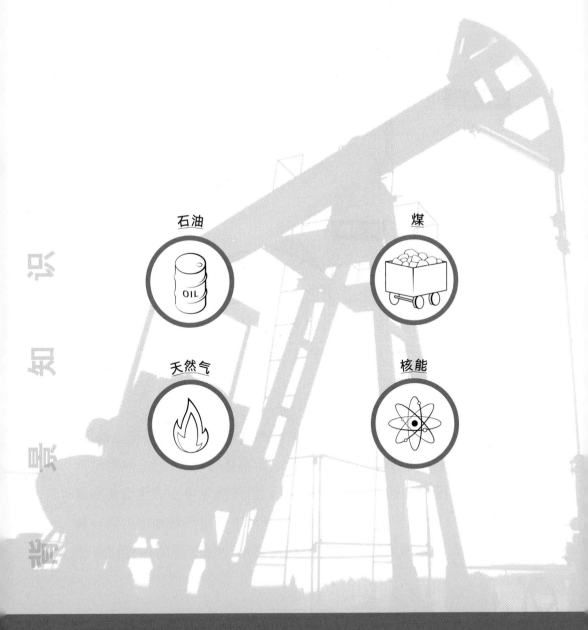

石油

煤

天然气

核能

化石燃料

几百万年来，地壳中的<u>地热能</u>将枯木和动物遗骸转换成可以使用的能源，即<u>化石燃料</u>。化石燃料的形成是因为一些生活在数百万年前的植物和动物的遗骸（也称为化石）——是的，数百万年！——在<u>降解</u>时也暴露在地底深处的高温和压力之下。源自地球内部的热量以及来自土壤和岩石的压力，二者共同作用将这些化石转化为石油、天然气和煤炭。化石燃料的形成或"更新"往往需要数百万年的时间，因此我们称其为非可再生能源。目前人类使用的化石燃料通常是6 500万年前（甚至更早）形成的。一旦燃料耗尽，也意味着永远消失！

<u>化石燃料</u>含有大量碳（生物体的一种构成元素），燃烧时会释放能量。目前全世界不到70%的电量来源于化石燃料。这意味着化石燃料依然是全球能源供应的重要来源。与此同时，化石燃料（尤其是石油类化石燃料）还用于交通运输。然而，这并不是最佳的能源使用方式，因为化石燃料燃烧时会产生温室气体并释放其他化学物质，不仅污染空气，而且也引起气候变化。在"环境影响"章节对应的"石油""煤"和"天然气"话题下面会详细阐述上述问题。由于当前的环境问题与化石燃料的使用联系在一起，因此在建立未来能源体系的过程中我们需要大幅减少上述能源的使用。

石油（原油）

石油（通常也称作"原油"）是一种液态化石燃料（化学能源），是由海洋（河水）环境中死去的动植物在一定作用下形成。数百万年来，这些遗骸被层层泥土覆盖。石油可以像黑焦油一样浓稠，也可以像水一样稀薄。大量石油储存在海底和海岸线附近。石油有多种利用形式：汽油、柴油、煤油和取暖油。

如何获取石油

为了从地下开采石油，工人们将工具钻入埋有石油的岩石中。石油从井中（通常为 1.5 千米或 1 英里深）抽出后，炼油厂将石油分离成不同类型的产品和可用燃料，然后通过船舶、卡车和管道将成品石油运输出去。发动机和火炉燃烧的是燃油。

使用示例

★ 为飞机、汽车、卡车、公共汽车、船只和农业机械提供燃料；

★ 石油制品：塑料、墨水、蜡笔、肥皂、除臭剂、眼镜和光盘；

★ 为发电厂或发电机发电提供燃料动力；

★ 通过锅炉和其他设备提供热量。

©维基传媒/Didier De

祖传的能源

有一个奇怪的想法：我们很可能要感谢几千年前在地球上徘徊的未知生物，如今日常生活中才能搭乘公共汽车出行或打开厨房的燃气灶做饭……

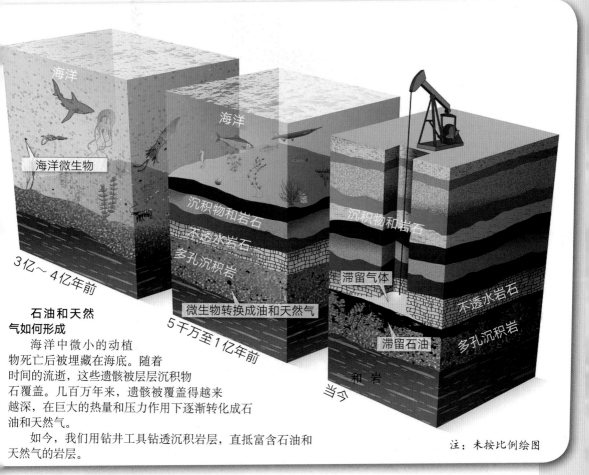

海洋

海洋微生物

3亿～4亿年前

海洋

沉积物和岩石

不透水岩石

多孔沉积岩

微生物转换成油和天然气

5千万至1亿年前

沉积物和岩石

滞留气体

不透水岩石

滞留石油

多孔沉积岩

和 岩

当今

石油和天然气如何形成

  海洋中微小的动植物死亡后被埋藏在海底。随着时间的流逝，这些遗骸被层层沉积物石覆盖。几百万年来，遗骸被覆盖得越来越深，在巨大的热量和压力作用下逐渐转化成石油和天然气。

  如今，我们用钻井工具钻透沉积岩层，直抵富含石油和天然气的岩层。

注：未按比例绘图

环境影响

  就像燃烧其他<u>化石燃料</u>一样，燃烧石油会向<u>大气层</u>释放<u>温室气体</u>，污染空气并引起<u>酸雨</u>。石油制品的燃烧也会释放二氧化碳，引起全球变暖。汽车尾气和工厂燃烧石油造成的空气污染会损害人体健康，尤其是儿童，这种空气污染会刺激肺部、引发癌症。

  采油场或<u>石油</u>运输过程中的<u>石油泄漏</u>会对<u>生态系统</u>，尤其是海洋生物造成可怕的后果。由于多数石油会漂浮在海面，因此<u>石油泄漏</u>期间，在海面或岸上游泳的动物会受到很大影响。海鸟和海獭等动物可能会受到伤害，这些动物由于体温下降甚至会死亡（想想看：海獭的皮毛和鸟儿蓬松的羽毛通常发挥着维持体温的功能，皮毛或羽毛一旦被油污包裹，则会破坏防水结构，体温也难以维持）。石油泄漏的其他后果还包括毒害各种生命及伤害动物的眼睛和肺。

✚→ 获取更多信息请查询：
www.eia.gov/kids/energy.cfm?page=oil_home-basics。

"深水地平线"原油泄漏

　　2010年的深水地平线漏油事件依然让人记忆犹新。此漏油事件发生在墨西哥湾，被认为是史上最大的海上漏油事故。天然气从油井中喷出并导致钻井机爆炸，致使490万桶原油溢出，严重破坏了该区域动植物的栖息地。

资料来源：http://kids.britannica.com/comptons/article-9544332/
Deepwater-Horizon-oil-spill-of-2010。

©维基传媒／美国国家航空航天局

天然气

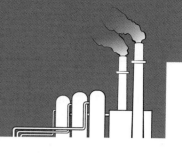

天然气是一种化石燃料。就像石油一样，天然气也源自于腐烂的植物和动物。随着时间的推移，这些动植物的遗骸被泥浆覆盖，在压力和热量的作用下，这些残留物变成了微小气泡，这些气泡无法被看到、闻到和尝到，但具有很高的能量。作为一项安全措施，天然气中添加了臭鸡蛋的气味，这样人们就可以在泄漏时闻到气味并及时采取措施——吸入过多的天然气会致命。

天然气主要由甲烷这种温室气体构成，与其他化石燃料相比，天然气产生的热能损耗较少，空气污染物和二氧化碳的排放量也较少，因此天然气被认为是一种相对高效、清洁和经济的能源。

如何获取天然气

天然气的开采第一步需要地质学家（研究地球结构的科学家）对某区域进行勘测，并对天然气和石油矿床附近的岩石类型进行研究。一旦发现正确的位置，就可以开始钻探作业。天然气的开采区部分位于陆地，但大部分位于海洋深处。随着钻井深度的增加，天然气开始

© Diego Delso（CC-BY-SA）

从井底喷到地面。在收集天然气的过程中也过滤掉了其携带的有毒物质。天然气经过冷却变成液体，其体积将大大缩小，最高可缩小至原来体积的600倍，因此天然气通常以液体的形式来运输。运输过程中天然气被输送至管道，此时不再冷却，天然气再次变成气体，直接输送到千家万户（如燃气灶）或者输送到发电站，燃烧后产生热量和电能。

天然气使用举例

★ 为燃气发电厂发电提供燃料

★ 用于家庭煮饭、取暖和烧热水

★ 为工艺加热和热电联供系统提供燃料

★ 为生产化学品、化肥和氢气提供原料

★ 为公交车、卡车和汽车提供燃料

★ 用于造纸和生产水泥

★ 作为胶水、肥料、塑料、药品和其他产品中的配料来使用

环境影响

天然气开采过程嘈杂，会干扰附近生态系统中的动物。尽管燃烧天然气排放的温室气体总量少于燃烧其他化石燃料，但其仍然污染空气并引发气候变化。天然气带来的其他环境威胁还包括地震，尤其是天然气开采区或者管道受损引发的天然气泄漏会造成大气和水污染。

⊕→ 获取更多信息请查询：
www.eia.gov/kids/energy.cfm?page=natural_gas_home-basics。

煤

煤是一种化石燃料，主要成分为碳。煤起源于数亿年前沼泽底部的一层枯死植被，然后被水和泥土层层覆盖，植被蕴含的能量就被锁在里面。从顶层施加的热量和压力将植物残骸变成了煤。这是一种在土壤下面发现的棕黑色岩石，也是一种相对便宜的能源——煤是世界上最大的发电能源。世界各地都开采煤，其中煤储藏量较多的国家分别为美国、俄罗斯联邦、中国、澳大利亚和印度。

如何开采煤

为了从地下开采煤炭，煤矿工人通常采用露天开采（指去除表层土壤来挖掘煤炭）或地下开采（使用地下隧道系统和特殊机器来挖掘煤炭）两种方式。采挖上来的煤先进行处理，去除多余岩石和不需要的物质，然后通过火车和轮船运输到发电厂。发电厂燃烧煤产生热

露天开采

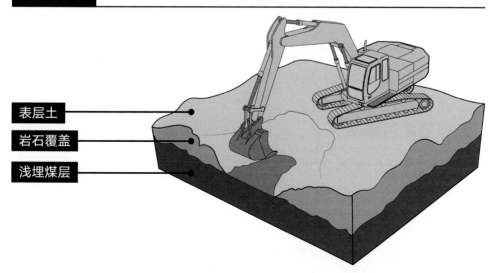

表层土

岩石覆盖

浅埋煤层

煤是如何形成的

几百万年前，植物残骸落入沼泽水池，久而久之形成了一个厚厚的枯死植被层并在沼泽底部发生腐烂。时光流逝，地球表面和气候发生了变化，更多的水流和污泥涌入沼泽，中止了植物腐烂的过程，逐渐形成泥炭。

顶层水流和污泥的重量将底层的植被物质紧紧压实。在热量和压力的作用下，这层植被物质发生了一系列化学和物理变化，将自身携带的氧气排出，同时富含的碳氢化合物得以保存，于是曾经的植被逐渐变成了煤炭。

地下深层或地表附近均有煤的分布。

注：未按比例绘图

能，然后转化为电能。如今可采用新技术在煤燃烧前去除其携带的部分污染物，从而减少空气污染。

煤的使用举例

★ 供发电厂发电

★ 用于生产钢铁和水泥

★ 造纸厂燃烧煤产生热量

★ 煤的副产品用来制造塑料、合成纤维、化肥和药品

★ 燃烧煤炭留下的灰烬用于修路和生产水泥

★ 在一些国家，煤仍然用于家庭供暖

环境影响

相比其他化石燃料，煤的燃烧会排放更多的二氧化碳，而且采煤和燃煤还会导致空气污染、水污染以及酸雨。煤矿开采中使用的炸药也会破坏生态系统，包括植物、动物和土壤。地下煤火也会引发地面野火。煤炭燃烧后残留的汞和其他重金属如果不小心储存就会污染水源和鱼群。

获取更多信息请查询：
www.eia.gov/KIDS/energy.cfm?page=coal_home-basics。

核能

　　核能是指原子中心（原子核）蕴含的能量。原子是构成宇宙中每一个物体的微小粒子。原子核由微小粒子质子（正电荷）和中子（不带电荷）组成。电子（负电荷）围绕原子核移动。在核能的作用下，原子核结合在一起，并通过两种方式释放能量：核聚变和核裂变。

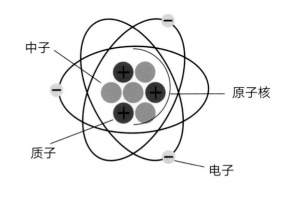

中子
原子核
质子
电子

　　核聚变是指原子相互结合或者融合形成更大原子的过程中释放的能量。例如，太阳通过核聚变产生能量。尽管人类尚不具备利用核聚变进行大规模生产能量的技术，然而太阳却再次领先于辛勤的科学家，早一步利用核能为自身提供能量：太阳内部的氢原子源源不断地发生聚变进而形成更大的原子——氦，随着氦原子的形成，还会产生额外的热量和光能——这就是太阳又热又亮的原因！

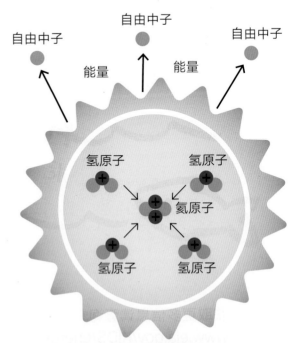

自由中子
自由中子
自由中子
能量
能量
氢原子
氢原子
氦原子
氢原子
氢原子

核裂变是指原子分裂产生更小原子的过程中释放的能量，其中铀原子最常用于核裂变。铀是一种用于产生核能的重金属，它天然存在于大多数岩石甚至海水中。

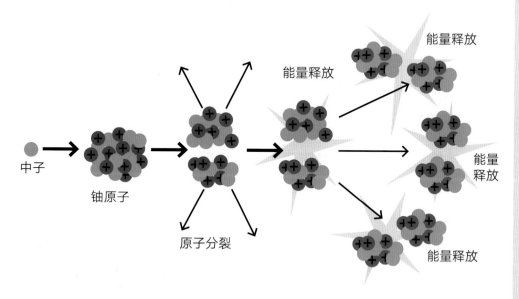

工作原理

可使用不同的技术来开采铀，甚至还可以从海水中收集。发电厂通常采用铀原子来产生核裂变，这一过程会释放热能，就像使用非再生能源的效果一样，热能被用来加热水，产生蒸汽，进而旋转涡轮机来发电。发电厂附近的湖泊、河流或海洋常用于冷却发电厂的设备，然后冷却水又返回至原来的水体。核电站每一年半要关闭一次，用于清除废铀，废铀称作核废物（也称作放射性废物）。核废物数千年内都会对人体和环境产生危害，因此安全存储核废物至关重要。

核能用途

★ 发电

★ 加热

★ 驱动轮船、飞机和潜水艇
★ 核电池用于太空探测器和部分医用植入材料
★ 核（放射性）物质用于 X 射线、各类扫描仪、超声波以诊断患者和治疗某些疾病
★ 核辐射可用于对医疗设备进行消毒
★ 核粒子可用来测量混入冰淇淋中的空气含量!

环境影响

核能最大的问题乃是发电之后产生的放射性废物，这种放射性废弃物会在数千年内对人体健康产生放射性和危险性。通过使用黏土或混凝土等密封屏障将一些放射性废料储存在地下或地面，以阻止核废物逃逸到大气中，这类屏障通常被一层土壤或岩石覆盖。核电站专用的乏核燃料会储存在专门设计的容器中，并密封几个世纪，因此它们不会污染环境。暴露于放射性粒子的环境中对人来说异常危险。在核泄漏和核事故发生时，释放的核辐射会穿透并污染土壤、动物、植物和水源，当核粒子渗入到食物链时还会损害生态系统。发电厂设备的冷却水会以温水的形式释放回水体，这又会危害到环境和鱼类的生长。

核能的积极方面是其产生的温室气体比燃烧化石燃料要少，而且使用相对少量的铀就可以大量发电。美国、法国和日本目前是主要的核能生产国。

⊕→ 获取更多信息请查询：www.nrc.gov/reading-rm/basic-ref/students/science101.html。

切尔诺贝利核爆炸和福岛核爆炸

1986年4月的切尔诺贝利核电站事故给乌克兰及其周边国家白俄罗斯和俄罗斯联邦带来了巨大的破坏和灾难。据估计，此次核爆炸掉落在欧洲大陆上的70%放射性物质集中在这三个国家。 1986年，核反应堆30公里半径内约有11.6万人被强制疏散，许多村庄毁于一旦。

资料来源：www.world-nuclear.org/information library/safety-and-security/safety-of plants/chernobyl-accident.aspx。

伴随着日本境内的一场大地震，一场15米高的海啸（巨大的海浪）引发福岛第一核电站三座核反应堆的供电和冷却系统全部瘫痪，这导致了2011年3月福岛核爆炸事故的发生。其后果是越来越多的放射性核废物被排放到海水并释放到大气层。食用福岛区域内生产的食物是否安全依然不确定，但是当地众多渔民和农民的声誉受损，不得不关掉自己的门店。

资料来源：www.world-nuclear.org/information library/safety-and-security/safety-of plants/fukushima-accident.aspx。

2.3 可再生能源

可再生能源被认为是取之不尽用之不竭的能源，由于其对环境产生的影响和污染非常有限（除了下图所示的生物能源），因此可再生能源也被称为"清洁能源"和"绿色能源"。尽管可再生能源产生的温室气体排放量是有限的，但在发电过程中仍会引发其他类型的污染，例如噪声污染，而且还会破坏其他自然资源。然而，与燃烧和提取化石燃料所造成的污染相比，许多情况下上述负面影响是微乎其微的。可再生能源的类型包括太阳能、地热能、水力发电、潮汐能、风能、生物质和生物燃料。下面让我们逐一了解吧！

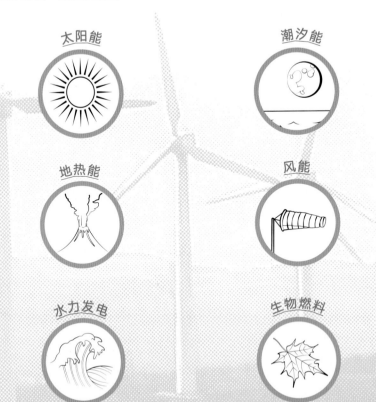

太阳能

潮汐能

地热能

风能

水力发电

生物燃料

太阳能

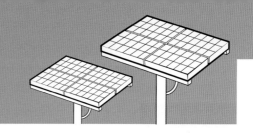

"Solar"（太阳能）是"Sun"（太阳）的拉丁文。太阳能是指太阳到达地球的辐射能量。相比获取和使用其他类型的能源，太阳能产生的环境影响相对较小，因此太阳能是最可持续的一种能源类型。既然太阳能储藏丰富，那为何我们不将太阳能用于世间万物呢？如前所述，我们尚不知晓如何高效储存能源，实际上获取光能也绝非易事。太阳虽辐射整个地球，但是地球上每一处获得的太阳能却很少。尤其是在阴天，大部分光能根本无法到达地面。此外，当太阳无法照射时我们依然需要光能（例如夜晚人们需要开灯照明）。因此，如果想把太阳变成主要的能量来源，上述限制是我们需要解决的一项重大挑战。

你知道吗？

仅1小时太阳辐射的能量就足以供应全世界使用一整年！

太阳能工作原理

有两种不同的技术类型来利用太阳能进行发电。我们来看两个例子。

太阳能电池板

也许你已在屋顶、停车场、电子路标甚至计算器上看到过太阳能电池板！它们吸收太阳光并将之转化成电能。太阳能电池板由多组光伏（简称PV，其中"photo"表示光，"voltaics"表示电）组成，它们将获取的太阳辐射直接转化为电能。从计算器中的简易系统到大型太阳能电池农场，太阳能电池可小可大。光伏电池由半导体材料（硅）制成。（如下图所示）太阳光中的光子到达光伏电池表面①，此时太阳中的电子被光伏电池板表面吸收，从而在光伏电池的顶层和底层之间形成电路，其内部半导体随之将光能转化为电能②。

太阳能电池

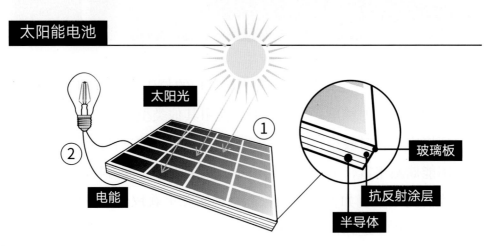

太阳光

①

②

电能

玻璃板

抗反射涂层

半导体

在使用屋顶太阳能电池板时，重要的一点是弄懂太阳能光伏电池发的电是直流电（DC），因此需要在房屋安装逆变器将直流电转换成交流电（AC），这样方可用于家用电器（电视、电脑、洗衣机、冰箱

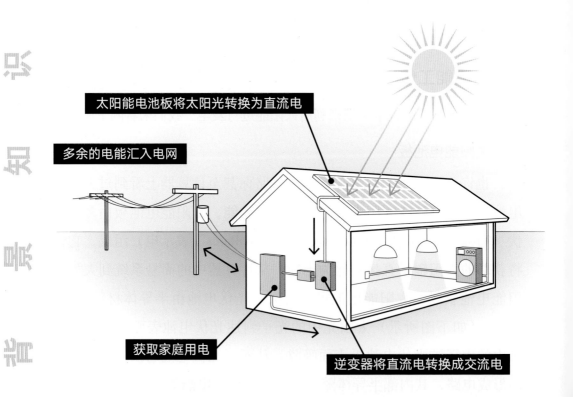

太阳能电池板将太阳光转换为直流电

多余的电能汇入电网

获取家庭用电

逆变器将直流电转换成交流电

等）。若你在家里安装了足够多的太阳能光伏电池，此时<u>发电量</u>可能多于所需电量，这种情况下你可以将多余电量返输送到电网中。

太阳能热水器

<u>太阳能</u>可直接用于烧热水、家庭供暖和照明。借助太阳能技术，可利用太阳能加热液体产生蒸汽来<u>发电</u>。其工作原理是安装众多镜子或反光玻璃①将太阳光集中到一起，来加热管子中的特殊液体，液体受热后使水沸腾②产生蒸汽，蒸汽推动涡轮机旋转，涡轮机与发电机相连③，发电机借此发电。随之蒸汽冷却变回水④，水又可以再循环、再加热并再次变成蒸汽。

太阳能的应用

★ 植物吸收太阳光生产食物

★ 家庭照明

太阳热能技术

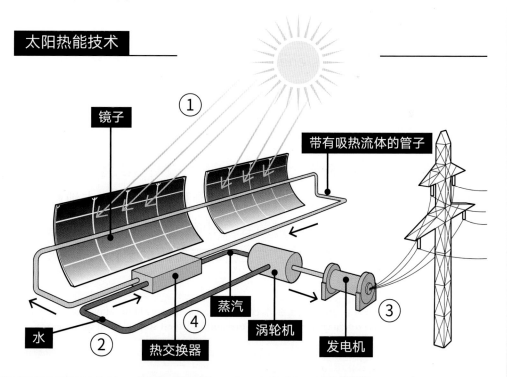

★ 烧热水、家庭取暖、温室大棚和游泳池采光

★ <u>发电</u>

★ 供计算器、腕表和太阳能电池充电

★ 太阳能灶烹饪食物

★ 晾干衣服、晒鱼干和其他食物

★ 将盐从海水中分离出来

环境影响

使用<u>太阳能</u>不会污染空气和水源，也不会释放温室气体，因此被认为是一种清洁能源。然而，太阳能电池所采用的有毒材料和化学物质会对环境造成危害。沙漠<u>生态系统</u>会吸收大量太阳光，但有时候其<u>生态系统</u>也异常敏感，在沙漠地区建造太阳能<u>发电站</u>很可能会破坏其当地生态系统。因此在某地安装太阳能电池板之前，很重要的一点是评估本地的<u>生态系统</u>以及动植物的敏感性。

⊕→ 获取更多信息请查询：
www.eia.gov/kids/energy.cfm?page=solar_home-basics。

你知道吗？

世界上最大的太阳能发电站位于美国的莫哈韦沙漠（the Mojave Desert）。由机器人控制的大量镜片分布排列在沙漠中，占地超14平方公里（154个足球场地），并随着太阳光的照射轨迹来适时调整镜片角度，目的是将太阳光反射至三座69层高的塔楼上，塔楼吸收太阳光进而产生蒸汽。

资料来源：www.sciencekids.co.nz/sciencefacts/energy.html; http://mic.com/articles/82417/9-things-to-know-about-the-world-s-largest-solar-plant-in-california。

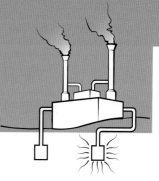

地热能

如前文所述，地热能（热能）是指地球产生的热量。地热流体是加压水和蒸汽的混合物。冰岛是一个火山众多的岛国，在地热能使用领域处于世界领先地位。冰岛境内分布着五座大型地热发电站，供应着全国近90%的热量和热水。

工作原理

为从地下获取地热能，人们首先挖深井，然后用泵将地热流体从地下抽到地表。不同类型的地热发电站都采用此种地热能来为家庭供暖和发电。部分地热发电站采用热蒸汽或地热流体来发电。其工作原理是在高压条件下用泵将地下热水①沿深井抽上来；热水到达地表

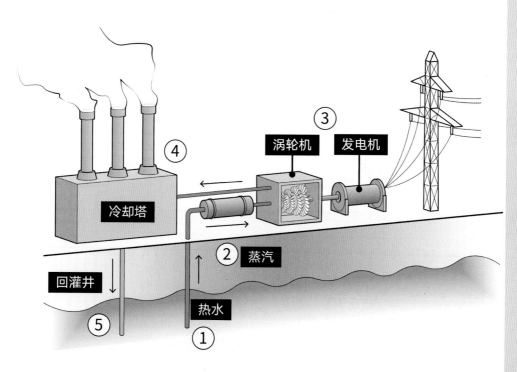

②其压力降低，此时热水变成水蒸气；之后蒸汽推动涡轮机③旋转，涡轮机与发电机连接，发电机则开始发电；接下来，蒸汽进入冷却塔④，冷却后再次变成水；冷却水沿着回灌井用泵注入地下⑤。

从家庭层面来看，地热热泵利用地面恒定温度实现对房屋和建筑物的供暖和降温，其可行性是冬季地面温度高于室外空气温度而夏季地面温度低于空气温度。在该系统中，水和制冷剂沿着多条管道流动①，当天气寒冷时，水或制冷剂流经地下管道时会被加热②，到了冬季，地面热量则由泵吸入输送至家庭③，当水冷却、热量用完时，又被抽回至地面④；到了夏季，住宅内的热量被排走，其工作原理与冬季正好相反⑤；因此这是家庭取暖和降温最高效、最节约成本的方式之一。

地热热泵

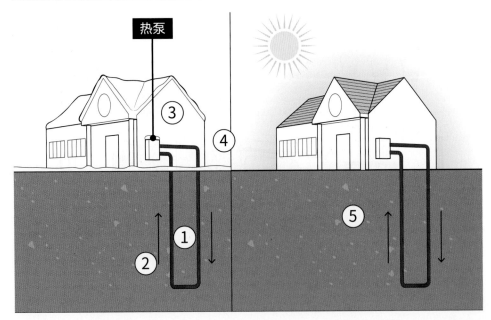

你知道吗？

冰岛某些地区，热水从地热发电站流入人行道或其他道路来帮助融化道路结冰。

地热能的应用

★ <u>发电</u>
★ 家庭取暖、房屋降温
★ 加热游泳池、温室大棚和鱼塘
★ 用于工业流程，例如对牛奶进行巴氏杀菌
★ 烘干农作物，制作动物饲料
★ 用于沐浴和水疗等休闲活动

环境影响

地热<u>发电站</u>会向大气中释放少量<u>二氧化碳</u>，但与其他类型的能源相比，其<u>温室气体排放量</u>也较低。开采<u>地热能</u>往往对地面进行打钻，这一过程会破坏温泉等自然景观。从地下提取地热流体（包括天然气、蒸汽和水）的过程也会吸走环境中的天然热量。此外提取地热流体也会释放地下压力从而引起地面下沉。另一个环境问题是地热流体中蕴含的重金属一旦排放到河流或湖泊中就会引起水源污染、破坏饮用水。

➕→ 获取更多信息请查询：
www.teara.govt.nz/en/geothermal-energy/page-1。

水力发电

　　水电是蕴含在流水中的能量（一种机械能）。流水中可用能量的总量取决于流速和落差，如尼亚加拉大瀑布（Niagara Falls）流水奔腾而下，急流中蕴藏着巨大的能量。自19世纪初，人们开始借助水坝甚至是大海的潮汐和波浪将水能转换成电能。海水中用于发电的波浪并不适合冲浪！当今世界上开发水电的主要国家是中国、加拿大和巴西。

工作原理

　　当河水流经管道时，就会推动涡轮机叶片转动①，涡轮机则带动发电机②开始发电，此时就形成了水力发电。常见的一种水电类型是借助河流或溪流的自流水来发电，而此种水流可通过建造水坝得以控制。在溪流或河道中间修建一道屏障来阻止水的流动，此时就形成了水坝。通过打开或关闭闸门、管道就可以实现对水流的控制，以便在需要时就可以调节水流来发电。

水能的应用

★ 发电

★ 灌溉

★ 驱动工厂机器作业

★ 为水磨面粉机和锯木厂提供动力

你知道吗？

　　1881年，尼亚加拉瀑布城的路灯就已经使用水电照明了！

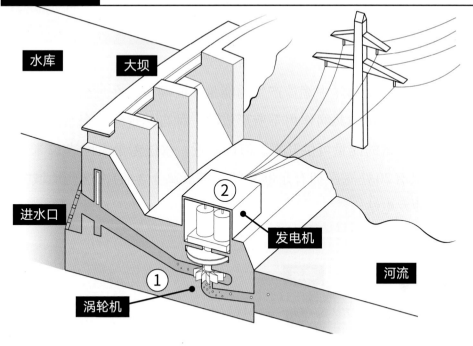

水电站大坝

水库　大坝

进水口

② 发电机

① 涡轮机

河流

环境影响

　　水电被视为一种主流的可再生能源，但水电的开发并非完全环保。大水坝的修建引起水流变化，这会损害大坝上游和下游的野生动植物、破坏其生态系统。水坝阻断了河水的正常流动，还会引发洪水。鉴于水坝的修建扰乱了鱼类天然的生态系统，因此许多水坝都设有特殊的装置，帮助鱼群上溯回游进行产卵，这一装置被称为"鱼梯"。此外，尽管水是可再生的，但一些水坝的用水速度却超过了地下水源和降雨的补给速度。

　　无论是水电，抑或是所有可再生能源的生产和使用，重要的是建立"水—能源"相得益彰的方法，能够实现水源管理和促进可再生能源发展的积极协同。

　　✚→ 获取更多信息请查询：www.kids.esdb.bg/hydro.html。

 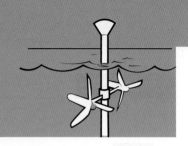

潮汐能

　　潮汐能是指海洋中潮汐产生的能量，而潮汐是在月球和太阳的引潮力及地球自转的共同作用下所形成的一种自然现象。海水的潮汐运动蕴藏着丰富的能量可供开发。海岸附近，水位差最大可达12米。但世界上只有20处海岸拥有足够大的潮差（高于3米），这些地域方可建造潮汐发电站。

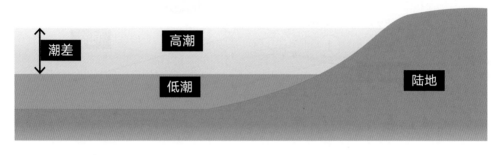

工作原理

　　可通过三种方式来利用潮汐发电：潮汐堰坝、潮汐围栏和潮汐涡轮机。

★ 潮汐堰坝：其工作原理类似于水坝。涨潮时，蓄水池被填满；退潮时，大坝放水。双向水流转动着涡轮机的叶片，达到发电的目的。

★ 潮汐围栏：类似于潮汐堰坝，潮汐围栏含有数个垂直分布的涡轮机，在两块陆地之间宛若一道篱笆，伴随着潮起潮落，涡轮机开始转动，进而发电。

★ 潮汐涡轮机：指一个个单独的涡轮机，安装在潮汐流比较强大的海域。

然而，由于潮汐发电在设备建造上所投入的技术成本异常昂贵，因此潮汐发电尚未成为主流。建造和运营潮汐发电站通常耗资巨大；此外，世界上也没有很多适合开发潮汐能的地区，并且受潮汐自身时长限制，通常每次只能发电10小时。

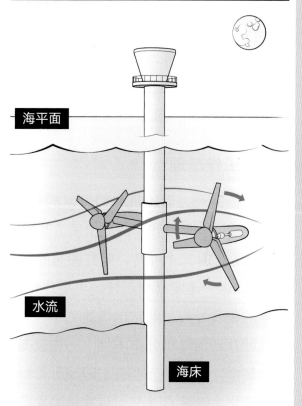

潮汐涡轮机

海平面

水流

海床

潮汐能的应用

★ 发电
★ 碾磨谷物
★ 支撑桥梁和道路
★ 暴风雨期间保护海岸

环境影响

潮汐能的开发不会产生任何废弃物和环境污染，因此潮汐能是一种可再生的清洁能源。此外，由于潮汐是可以预测的一种自然现象，潮汐发电也是可以预测的且还是一种可靠的能源来源。然而，潮汐能的开发也会带来一些微小的环境影响，大型潮汐堰坝的修建严重影响鱼群的迁徙；涡轮机叶片的转动也会对海洋动物和鱼类带来损害。

➕→ 获取更多信息请查询：www.kids.esdb.bg/ocean.html。

二 能源的来源和影响

像流水一样，风能（或流动的空气）也蕴藏着机械能。如你所知，由于地表受热不均形成了风。只要有阳光照射就会有风的存在！当今世界利用风能来大规模发电的国家主要有美国、中国和德国。

工作原理

借助风力涡轮机我们可以捕获风能，风力涡轮机在地势较高的多风地区效果最佳，例如山顶、开阔的平原或海岸线附近。风力涡轮机通常配有三个叶片，叶片尖端的速度可超 320 公里/时（200 英里/时）。这一速度已相当快，可堪比世界上较快火车的最高时速，如日本的隼鸟号列车和法国高速列车（TGV）。涡轮机叶片的形状设计引起叶片两侧气压分布不均（一侧较高而另一侧较低），从而带动叶片旋转①！叶片转动的轴与发电机 ②相连，发电机将风力涡轮机的机械能转化为电能 ③。你可以在风力发电场中看到一组组风力涡轮机，也可以在其他地区单独看到涡轮机的身影。在沿海地带，风力涡轮机可建在浮式建筑物上，又被称作海上风电场。鉴于离地面越高，风力越大，因此风力涡轮机还会安装在高塔之上。一些风力涡轮机还可以灵

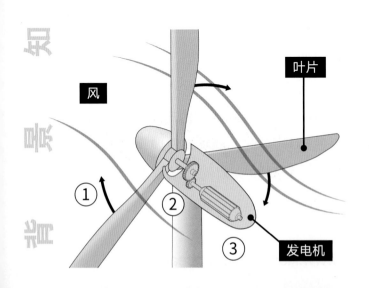

风   叶片

① ② ③   发电机

活移动，选准最佳角度，更好地捕获风能。

风能的应用

★ <u>发电</u>

★ 水泵利用风能抽取地下水

★ 运输货船和车辆

★ 电池充电

★ 碾磨谷物

★ 用于休闲运动，如帆船运动、放风筝和风帆冲浪

环境影响

尽管<u>风能发电</u>清洁、无污染，但依然存在一些缺点。由于风因时因季不断发生变化，因此<u>风能</u>是一种不稳定的能源，一旦无风时就得依靠其他可替代能源。<u>风力涡轮机</u>的一大问题是其体型大，导致一些人不喜欢涡轮机形成的视觉景象和涡轮机工作时产生的噪声。无论是安装新的风力<u>涡轮机</u>，还是从风电场架<u>电线</u>向家庭输电，两者都耗资巨大。<u>风力涡轮机</u>造价昂贵的另一原因是其使用寿命仅为20年，因此相比使用非可再生能源的<u>发电站</u>，其更换更为频繁。风力涡轮机对环境的另一负面影响是其需要使用钕这种稀土矿物，而此类矿物的开采则需使用<u>化石燃料</u>。

➕→ 获取更多信息请查询：
www1.eere.energy.gov/wind/wind_how.html。

生物质和生物燃料

生物质是一种来自植物和动物的有机物质，如木材、干燥植被、牛粪和食物残渣，生物质还包含从太阳中储存的能量。植物在光合作用过程中吸收太阳能量，并将太阳能转化成化学能。植物消亡后，植物体蕴含的化学能通过燃烧得以释放。此种化学能以生物质的形式存在，以热能的形式释放，这类通过生物质形式生成的可再生能源被称为生物能。

木材一枝独秀，是最重要的可再生能源来源，在全球能源供应总量中占比超9%（资料来源：联合国粮农组织，2008）。木材这类能源虽然传统但异常重要，迄今为止依然是部分发展中国家和发达国家的主要能源，为所在国烹饪和取暖提供燃料。美国、巴西和欧盟国家因生物燃料产量高，是主要的生物能生产国。

生物质资源

排泄物

城市固体废弃物

林业产品及其残留物

农作物及其残留物

工业残留物

动物粪便

然而，将木材用于生物质也会产生一定的环境影响，因为树木砍伐速度要远快于树苗生长速度，长此以往将出现滥伐森林的现象。基于此，在被砍伐的树木旁栽种新树在一定程度上会有所帮助，并且还可以利用其他类型的生物质资源，如植物秸秆和动物废弃物。目前，农业、畜牧业和工业生产中产生的废弃物往往弃之不理，尤其是城市固体废物有时会非法丢弃，尽管这些废弃物都是潜在的能源！很不幸运，由于废弃物运输成本昂贵且废弃物回收市场发展不够成熟，此种现象屡见不鲜。对此科学家还需要进一步努力。

工作原理

可通过以下三种方式从生物质中获取能量：

★ 第一种，生物质燃烧时，其能量以热能形式释放出来，可用于蒸煮食物和家庭取暖。在生物能发电站，释放的热量还可以用于烧水产生蒸汽，转动涡轮机来发电。

沼气反应器

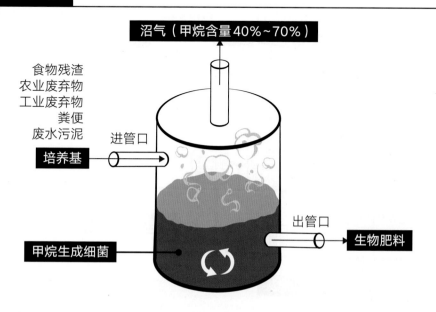

沼气（甲烷含量40%~70%）

食物残渣
农业废弃物
工业废弃物
粪便
废水污泥

进管口

培养基

出管口

生物肥料

甲烷生成细菌

★ 第二种方式是将<u>生物质</u>转化成气体燃料即<u>沼气</u>。垃圾填埋场①
中的有机垃圾、农业废弃物和人体排泄物等生物质会分解并释
放一种称为<u>沼气</u>②的气体。部分农民会在自家农场的沼气池中
生产<u>沼气</u>：将<u>生物质</u>和水加入没有空气的池子中，随着不断<u>分
解</u>，则产生了<u>沼气</u>。<u>沼气</u>可以直接燃烧或者用来制造蒸汽③，
转动<u>涡轮机</u>④，进而<u>发电</u>。本书97页讲述了关于如何获取<u>甲
烷气体</u>进行<u>发电</u>，可阅读获取更多细节。<u>沼气</u>还可以转换成<u>天
然气</u>，用于蒸煮、取暖和发电，不过这一转换过程耗资较大。

★ 第三种方式是将<u>生物质</u>转换成液态燃料，也被称为<u>生物燃料</u>。
生物燃料的类型多种多样，但主要类型为乙醇和生物柴油。<u>乙
醇</u>由淀粉和糖类作物（例如甘蔗、玉米和甜菜）制成，并用作
运输燃料。

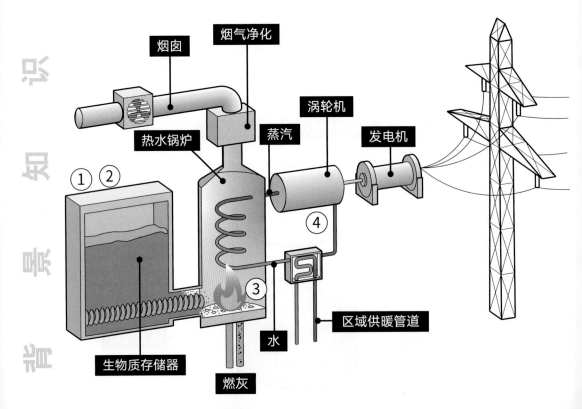

另一方面，生物柴油是由油料作物（例如油菜籽、大豆、藻类和油棕）制成，也可以由动物脂肪和废弃食用油制成。生物柴油有望成为石油和柴油燃料的清洁燃烧替代品。

生物燃料的应用

★ 木材和木材加工废料——可直接燃烧，用于建筑物供暖、蒸煮食物、工艺用热以及发电；

★ 农作物及农业废弃物——可作为燃料直接燃烧，为车辆、农机设备和卡车提供动力，或用于蒸煮，或转化成液态生物燃料；

★ 食物废弃物、庭院植被废弃物和木材废料——发电站直接燃烧发电或者在垃圾填埋场中转化成沼气；

★ 动物粪便和人体排泄物——可以转化成沼气，为车辆、农机设备和卡车提供燃料动力，或用于蒸煮。

环境影响

就像燃烧化石燃料，诸如木材这类生物质的燃烧也会向大气排放二氧化碳和其他污染物，这对人体有害无益，尤其是为了取暖和蒸煮而在室内燃烧木材。生物能源的另外一大缺点是生物燃料需要土地供其生长，而这些土地原本用于森林生长或种植庄稼。随着世界人口的增长，确保人人享有充足食物至关重要，但能源也是人类基本所需。生物能源第三大缺点是其使用化肥和其他化学材料所引起的水污染；此外，农作物化肥的生产还会消耗大量能源。

还有一点值得注意，发展中国家对生物质的利用形式大部分是传统的木柴燃烧，发展中国家的居民往往没有替代能源，主要依赖生物能源进行基本的蒸煮和取暖。这也使"投资生物燃料"成为一个讨论议题：是否有可能解决世界人民温饱的同时，还能继续生产和使用生物燃料且不损害环境呢？对此你怎么看？

在此背景下，全世界都在加大研究和开发（R&D）力度，目的是将木质纤维素等非食用生物质用于生产生物燃料。这类不直接与食物

为何我们不一直使用可再生能源呢？

可再生能源好处众多。首先，"可再生"意味着取之不尽用之不竭；其次，可再生能源产生少量或者不产生水污染和大气污染，对环境不利影响甚微，是一种清洁能源；最后，可再生能源的使用排放少量或不排放温室气体，对气候变化影响较小。既然如此，为何我们不一直使用可再生能源呢？

技术挑战：由于可再生能源体系建立和发展较晚，尚不具备成熟的技术，无法像化石燃料那样广泛推广使用。

成本：当前化石燃料的开采配套设备已到位，因此使用化石燃料的成本相对较低；但很多人在可再生能源研发领域不想投入过多，尤其是生物质能源的收集和运输通常耗资巨大。

相竞争的材料被称为第二代液态生物燃料。

 获取更多信息请查询：
www.eia.gov/energyexplained/index.cfm/data/index.cfm?page= biomass_home。

 能源存储：诸如风能和太阳能，其储存难度较大，首先需要掌握新技术（如巨型电池）来获取和储存新能源，以便在需要时能够获取。

 天气依赖性：太阳能和风能这类<u>可再生能源</u>依赖太阳和风来发电；当阴天或无风时，太阳能和风能的获取量则大大减少，无法为所有人供电。

占地面积大：为了大量获取<u>可再生能源</u>往往需要广阔的土地来安装太阳能电池板和建造风电场；然而这些土地可能由于其他原因已经被征用，由此也引发了一场是否为了开发<u>可再生能源</u>而让出现有土地的讨论。

能源的创新

编号1：二氧化碳的获取和储存

当今大部分能源的获取是通过发电站燃烧化石燃料并向空气排放大量二氧化碳。科学家们正致力于研究从发电站和工厂捕获二氧化碳的新方式，并将捕获的二氧化碳安全存储在地下，以阻止其引发地球变暖。

首先在发电站或工厂将排放的二氧化碳①收集起来，阻止其释放进入大气层；然后，将收集的二氧化碳②通过管道输送至地下，地下岩层可将二氧化碳安全且永久地储存起来，此时二氧化碳被泵注入地下深处③；最后，对埋藏处进行实时监测④，确保所埋的二氧化碳不会再次逃回大气层或渗入地下饮水层。可在课堂上让同学们讨论此类技术的优点、缺点以及风险。

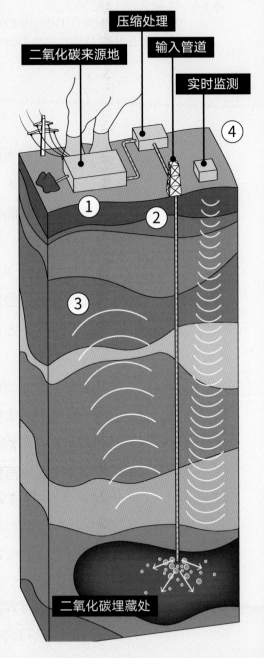

二氧化碳来源地
压缩处理
输入管道
实时监测

① ② ④

③

二氧化碳埋藏处

编号2：甲烷的获取和使用

甲烷是另一种引起地球变暖的<u>温室气体</u>。你知道吗，<u>甲烷</u>在大气层中锁住热量的能力是<u>二氧化碳</u>的25倍？<u>甲烷</u>也是<u>天然气</u>的主要成分。

你可否想过自己扔掉的垃圾去了哪儿？一般情况下，无法回收或无法再利用的垃圾绝大部分会进行填埋。垃圾在分解时会产生<u>甲烷</u>，科学家们想办法将垃圾填埋场中产生的甲烷气体收集起来，用于燃烧<u>发电</u>、建筑物取暖或为垃圾运输卡车提供充足内燃动力。提前获取<u>甲烷气体</u>，避免其释放进入大气层，有利于降低<u>气候变化</u>造成的影响。

上述创造性工作的第一步是将垃圾填埋，垃圾在分解过程中产生甲烷气体①；<u>甲烷气体</u>随之上升至垃圾填埋场的顶部，进入气体采集井，此时甲烷被收集起来②；随后，燃烧<u>甲烷气体</u>③用于<u>供暖</u>或发电。

也可以在农场的沼气池中获取<u>甲烷气体</u>，此种沼气池是一种巨型槽池，池子里含有粪肥以及牛猪等牲畜的粪便。

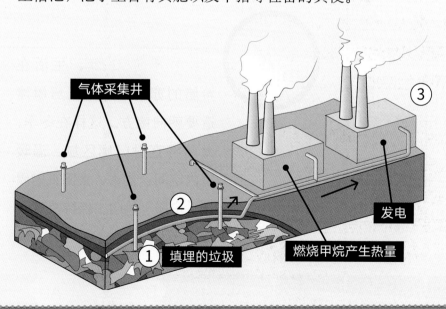

气体采集井

③

② 发电

① 填埋的垃圾 燃烧甲烷产生热量

二 能 源 的 来 源 和 影 响

第三章
能源的使用

纵观历史长河，人们在不同阶段采用不同方式来获取和使用能源。

当今中国是已知的最早使用火的地域（公元前46万年）。

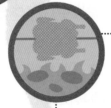

中国人最早燃烧煤炭进行取暖和蒸煮食物（公元前2000年）。

公元前500年，生活在希腊的苏格拉底建议房屋建造要朝向南方。这样在冬季，太阳将直射门廊区域，温暖室内空间；夏季，太阳直射屋顶，房屋可遮阴、保持凉爽。

公元前46万年	公元前2000年	公元前500年	BC	AD
			0	

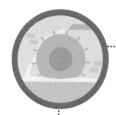

希腊人创造发明了垂直水车，利用水能推动磨坊将谷物碾磨成面粉，也可抽水（100年）。

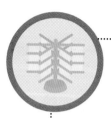

644年，波斯（当今伊朗）人首次使用装有竖轴的风车来碾磨谷物。

装有水平轴的风车被引进欧洲用于碾磨谷物（12世纪初期），随后装有四个叶片并沿着水平轴转动的欧洲风车在接下来的年份中很受欢迎。

1200年，英国率先开展商用采煤，煤炭后来成为工业生产的一种主要燃料。

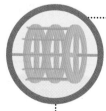

1582年，英国专门在伦敦建造了首架水车以及首家自来水厂。

100年　644年　1100年　1200年　1582年

很长一段时间内甚至是现在某些国家，人们一直依赖诸如木材这类生物质能源来蒸煮食物和取暖。然而，这导致大量森林被砍伐，以至于目前可供使用的森林资源寥寥无几。欧洲于是开始将煤作为主要能源（1690年）。

#1

放眼过去，古代文明依赖不同种类的能源（如今我们依然在使用）——使用天然气烧水，使用地热能来取暖，使用池塘漂浮的油层燃灯照明。然而，直到1850年之后整个世界才停止仅依靠太阳产生的能源和木材作为主要能源的局面，此时能源结构也发生了巨大变化。这种变化伴随着第一次工业革命（1760—1850年），煤逐渐代替木材成为主要的燃料。

1748年，美国首先开始生产商业用煤，工业革命期间蒸汽机的改良使煤的使用开始普及。蒸汽机将燃煤产生的化学能转化成机械能，为机器、机车（火车或电车）、轮船和汽车提供燃料。

1690年　1700s
　　　　（18世纪）

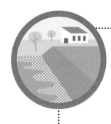

19世纪期间，美国宾夕法尼亚州钻探了第一口油井，将开采出来的原油加工制成煤油用于照明，这引发了另一场重大能源革命。1872 年，托马斯·爱迪生发明了电灯泡，并于1882年在美国纽约建造了世界上第一座发电厂。该发电厂以燃煤为动力、采用蒸汽发电机进行发电。同年，世界上第一家商业类型的水力发电厂在美国威斯康星州投入使用。起初，这座发电厂只为三栋建筑、两座造纸厂和一座住宅供电；后来，韦弗利家酒店（Waverly House Hotel）成为首家使用水电照明的酒店，其供电也是来源于这家水力发电厂。

1888年，美国俄亥俄州建造了首个可以发电的风车。

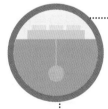

1892年，美国人继续引领潮流，在爱达荷州建造了世界上第一个地热区域供暖系统。用泵将温泉热水输送到镇上的200所房屋和40家企业。

1800s
（19世纪）　　1888年　　1892年

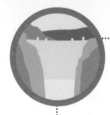

科罗拉多河上（Colorado River）建造了当时世界上最大的水力发电厂——胡佛水坝（1935年）。

汽车及其他交通工具在美国的出现使得石油成为消耗最多的燃料（1950年）。

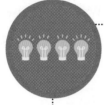

次年，美国爱达荷州建造了第一座核反应堆用于发电。

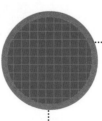

20世纪80年代，科学家们逐渐意识到化石燃料的燃烧会导致气候变化，并逐渐思考可替代能源。1974年，太阳能正式问世，当时约瑟夫·林德迈尔（Joseph Lindmayer）研制了一种可利用太阳能来发电的硅光伏电池。

1935年　1950年　1951年　1974年

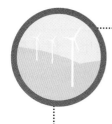

美国新罕布什尔州（New Hampshire）建造了世界上首座风电场（1980年），推动了另一种可再生能源——风能的发展。此风电场配有20台风力涡轮机，但涡轮机不断发生损坏。尽管新罕布什尔州的风电场运营失败了，但风力涡轮机这一设备在美国境内和北欧开始流行起来。

次年（1981年），名为"太阳一号"（Solar One）的首座大型太阳能热电厂在美国加利福尼亚州开始运营。该厂安装了1 818面镜子，可跟随太阳光的移动路径进行灵活调整，将太阳辐射的能量反射到中央大塔。

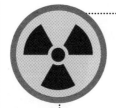

1986年，乌克兰切尔诺贝利遭遇了迄今为止规模最大、最严重的核灾难，震惊世界。该地区至今仍无法居住。

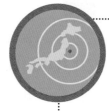

另一场毁灭性的核灾难发生在2011年的日本沿海海岸，当时福岛核电站因9.0级地震和强烈海啸（巨大的海浪）而发生爆炸，核危机等级高达7级。

1980年 1981年　1986年 2011年

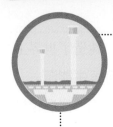

2013年，全球最大的聚光太阳能发电厂伊凡帕（Ivanpah）在美国加利福尼亚州南莫哈韦沙漠（South Mojave Desert）正式启用。

如今，化石燃料和核能约占全世界能源消耗总量的80%（资料来源：联合国能源机制）。

©Ulleo on Pixabay

当前我们在不断探索和研发新技术，目的是能够更清洁、更环保地使用能源，这其中就包括使用可再生能源。

2013年　　2018年　　　　　　　　未来

资料来源：https://www.switchmybusiness.com/resources/the-evolution-of-energy-sources-a-visual-timeline。

3.1 世界能源概况

现在你已了解能源的发展史，也意识到人类目前使用的很大部分能源<u>不可再生</u>且会破坏环境。同时我们也面临着巨大挑战：随着世界人口的日益增长，能源消耗量也不断上涨。鉴于此，每个人都需要寻找新的方式，一方面减少能源使用量，另一方面也要更加环保地使用能源。开始行动之前，让我们首先了解一下当今世界使用能源的几种不同方式。

工业在世界能源消耗量中占比54%，在全球<u>温室气体</u>排放量中占比21%（资料来源：美国能源信息署和政府间气候变化专门委员会）。工业部门包括制造业（如生产电子产品、纺织品和家居用品等商品的工厂）、采矿业和建筑业。以消耗大量能源而著称的产业包括化学品行业、金属行业（特别是钢材和铝材）、采矿业、造纸业和食品加工业。工业部门还包括从事开采<u>煤</u>、<u>石油</u>和<u>天然气</u>的行业。1970年以来，能耗较大的行业猛增，但近年来这些行业逐渐向<u>高效节能</u>转变。

以下列举了减少工业排放的几种可行方法：

✱ 提高能源使用效率：政府部门可出台配套政策，建立节能高效产业体系，推广使用高效节能设备。

* 用可再生能源替代化石燃料：工业生产能源消耗量大，但绝大部分能源来源于化石燃料的使用。可再生能源具有低排放的特性，在推动工业生产向环保转型方面可发挥重要作用。可以在工厂屋顶安装大量太阳能电池板来发电。

能源消耗量　温室气体排放量

交通运输　　　　　25%　　14%

全世界约25%的能源用于交通运输（资料来源：美国能源信息署）。每天全世界有无数人乘坐交通工具出行，有无数货物依靠交通工具得以运输。我们开展货物贸易——借助火车、卡车和轮船将谷物、塑料制品、纺织品和其他产品装在大型集装箱中运往世界各地。我们还修建管道运输燃料。当今人们出行次数越来越多，除了乘坐火车、公共汽车、渡轮和自行车等能源密集度较低的交通工具外，越来越多的人选择乘坐飞机和汽车等能源密集度较高的出行工具。当今已有超6亿辆汽车行驶在道路上，预计未来50年内会有20亿辆汽车上路。

小汽车、公共汽车、卡车、火车、飞机以及其他交通工具主要消耗化石燃料，其温室气体排放量在总量中占比14%（资料来源：政府间气候变化专门委员会）。科学家和工程师正在考虑如何制造出耗能更少、更环保的汽车。

以下是部分想法：

* 节油型汽车：在行驶相同距离的情况下，相比其他汽车消耗更少的汽油或柴油（由石油加工而成）。燃烧的石油越少意味着向大气中排放的二氧化碳越少。

* 燃料替代型汽车：能使用汽油以外的燃料上路行驶，如天然气或氢气（与氧气结合会生成水的一种气体）。

* 电动汽车：指用电动机代替发动机。电动汽车装有大型电池，可以储存能量为自身充电，您只需将它们插入充电即可。这些车辆不会直接污染环境（但它们使用的电力来自化石燃料发电厂）。然而，如果使用太阳能和风能来发电，则二氧化碳的排放量会非常小。

* 混合动力电动汽车：配有燃烧汽油的发动机，但可以作为电动汽车使用。同样燃烧相同数量（或加仑）的汽油，此类汽车的行驶速度比常规的汽油动力汽车快两倍。

建筑业　　能源消耗量　温室气体排放量　20%　6%

建筑业包括住宅建筑和商业建筑，其消耗的能源量占全球能源消耗总量的20%（资料来源：美国能源信息署）。而建筑业的温室气体排放量在全球温室气体排放总量中占比6%（资料来源：政府间气候变化专门委员会）。

商业建筑

商业建筑可以是零售店、餐饮店、酒店、医院、写字楼以及休闲娱乐设施等（资料来源：美国能源信息署）。不同类型的商业建筑其能源需求也不尽相同，但主要用于大楼取暖、降温以及照明。譬如，商场、干洗店和加油站等服务性建筑使用的能源占商业建筑总能耗的

15%；办公室（写字楼）占比14%；教学楼占比10%；医院和医疗办公室这类医疗建筑占比8%（资料来源：美国能源信息署）。

可通过下列措施来降低商业建筑温室气体的排放量：改善墙体隔热效果、安装双层玻璃、安装节能灯、改善照明控制系统、中层和屋顶进行绿化种植、涂抹高反射油漆等。

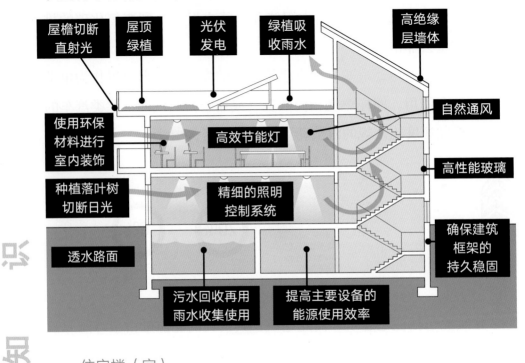

住宅楼（家）

思考一下我们居家日常生活中是如何使用能源的，家庭用能主要包括取暖、降温、照明以及家用设备。一个家庭的能源使用量取决于该家庭的设计、使用面积以及家用设备的数量和功率。

让我们看看一个美国家庭的平均能源消耗量。如图所示，大部分能源用于房屋加热或降温（能源消耗量占比46%），部分家庭为此使用天然气和燃油。烧热水是另一个重要的能源消耗形式（消耗量占比13%～17%）。热水器插电烧热水，用于烹饪、清洁、洗澡和取暖。

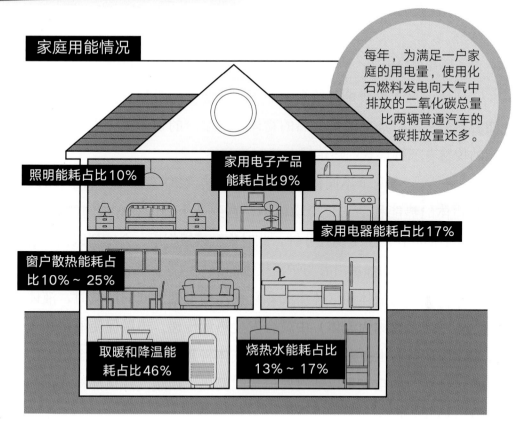

家庭用能情况

每年，为满足一户家庭的用电量，使用化石燃料发电向大气中排放的二氧化碳总量比两辆普通汽车的碳排放量还多。

照明能耗占比10%

家用电子产品能耗占比9%

家用电器能耗占比17%

窗户散热能耗占比10%～25%

取暖和降温能耗占比46%

烧热水能耗占比13%～17%

冰箱、洗衣机和烤面包机等厨房电器以耗电的形式消耗了17%的能源。电能还用于家庭照明（10%）和家用电子产品（9%），包括电话、电视、电脑和其他小工具。然而，并非所有的能源都能在家中物尽其用——部分能源会以热量的形式散失。窗户会造成10%～25%的热量损失（更多信息请查看本手册第111页）。

然而，有些家庭的能源使用量比图中房屋要少得多。节能型建筑通常被称为"生态住宅"。这类建筑和住宅通常墙体隔热性能更好、窗户更为密封并使用自然采光。像固定通风窗户这种简单措施也可以节省能源消耗。让住宅房屋变得节能高效可以节约能源和金钱，受益一生。理想的"零能耗"建筑设计精良，可以通过太阳能或风能自行生产所需的一切能源。

3.2 家用热能形式

你还记得本手册第二章介绍的不同能源类型吗？一种常见的家用能源就是<u>热能</u>，<u>热能</u>通常从热的物体传导至冷的物体。具体来说，热能的传输有三种形式：<u>热传导</u>、<u>热对流</u>和<u>热辐射</u>。

<u>热传导</u>：当两个不同温度的固体直接接触时就会发生<u>热量</u>传递。较热物体的<u>热能</u>移动到较冷物体中，直到两个物体具有相同的温度。例如，把锅放在炉子上烧几分钟，此时你触摸锅把手，会感到锅把手也是热的，这是因为<u>热量</u>沿着与炉盘接触的锅底传输至其余整个锅身。

<u>热对流</u>：当液体和气体中的颗粒移动到温度不同的区域时，液体和气体（二者通称为流体）中就会发生<u>热量</u>传递。<u>热量</u>促使液体和气体发生膨胀并向上扩散，热液体或热气体将其自身<u>热量</u>传输至较冷的部分。房间内的空气可以通过<u>对流</u>形式受热，如暖气片顶部释放出热空气（热气体），底部则吸入冷空气（冷气体）。

热辐射：热物体还会释放辐射（波）进行**热量**传递。冷物体吸收**热辐射**，自身温度随之升高。太阳炽热的热量也是通过**辐射**到达原本冰冷的地球，地球因此受热升温。当太阳被云层遮挡时，热量**辐射**受阻，太阳为地球提供的热量也随之减少。例如，当你冷手烤火时，过一会儿手就会变暖和，这是因为火的**热量**通过**辐射**传输给你。

家庭热量传输

热量的特性是从温度高的区域传输至温度低的区域，因此热量会从温暖的室内散发至寒冷的室外，也可以从炎热的室外钻进凉爽的室内，这也是利用**热能**时所面临的问题。

非隔热房屋的热量损失

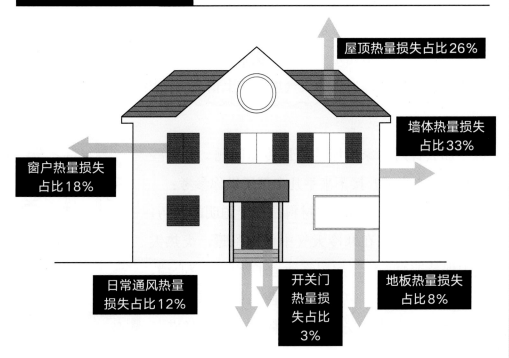

屋顶热量损失占比26%

墙体热量损失占比33%

窗户热量损失占比18%

日常通风热量损失占比12%

开关门热量损失占比3%

地板热量损失占比8%

寒冷天气：

* 传导：热传导指热量通过固体材料进行传输。当你的房屋恰好建在寒冷的土地或岩石上，屋内的热量通过传导直接从地板逸出到土壤中，热量还会通过传导透过墙壁和屋顶散失出去。

* 对流：热空气在房屋内上升、循环，热量会透过屋顶和门窗的缝隙逸出。

* 辐射：你房屋的热量（热辐射）会透过墙体、屋顶和窗户辐射进入大气层。

炎热天气：

* 传导：热传导指热量通过固体材料进行传输，赶上炎热的日子，室外的热量会以传导的形式穿透墙壁、窗户和屋顶进入室内。因此，搭建热反射屋顶、安装隔热和节能窗户将有助于降低热传导。

* 对流：热空气边上升、边吸走墙体和天花板的热量，随之一并上升至空中，在整个房屋内进行着热循环。

* 辐射：太阳光是主要的热量来源，房屋通过太阳热辐射受热升温。因此，炎热的天气里，拉上窗帘阻挡热辐射很重要。

热量传输的应对方案

那么针对你家房屋的热量传输问题，有哪些潜在解决方案呢？接下来举几个例子供你参考：

隔热墙体：安装隔热材料是一个聪明的技巧，可以让你的房屋在寒冷天气中保持温暖，炎热天气中保持凉爽。许多房屋都建造了所谓的空心墙，即由两堵墙组成，中间留有空隙。如果您在这两面墙之间的空隙中安装特殊的隔热材料来捕获气

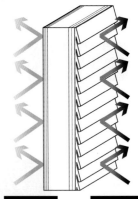

暖气流　　　冷气流

流，则可以减少传导带来的热量。热量无法通过气体（如空气）进行传输，因此这一方法非常行之有效。此外，隔热材料还可以阻止空气循环引起的热量对流。

屋顶（或阁楼）隔热层可以阻止热量传导，并阻止空气循环引起的热量对流。

双层玻璃是指装有两块玻璃的窗户，两块玻璃之间由密封的真空或空气隔开。这一真空缝隙可以阻断热量传导和热量对流。多安装的玻璃板可将更多的光和热辐射反射回室内，即使在寒冷的天气中也可以保持室内温暖；而且还可以反射阳光（太阳辐射），使房子在炎热

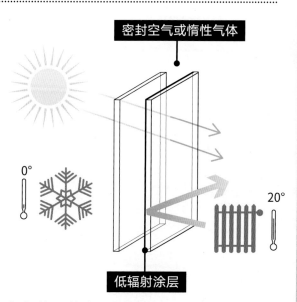

密封空气或惰性气体

0°

20°

低辐射涂层

的天气中也能保持凉爽。有些家庭甚至装有三层玻璃。

窗帘：窗帘可以在其面料和玻璃之间阻挡大量气流，并阻止空气的进一步流动。窗帘和窗户之间阻挡的气流越多，窗帘作为隔热材料的效果就越好。窗帘或窗户覆盖物还可以遮挡阳光（太阳辐射），提供阴凉，因此在炎热的天气中也同样发挥着重要作用。

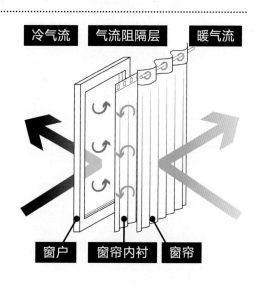

冷气流　气流阻隔层　暖气流

窗户　窗帘内衬　窗帘

第四章
能源创造更美好的世界

知 识 背 景

既然世界上有多种多样的能源，为什么还会有能源短缺的问题呢？其实，问题不在于能源匮乏，而在于超过120万人口用不上电。几乎所有用不上电的人口都生活在发展中国家，其中将近90%

从太空鸟瞰地球的夜晚

的人口生活在撒哈拉以南的非洲和南亚地区，84%的人口生活在农村地区。用电改善民生，也对战胜贫困至关重要。在更发达的国家，获取能源面临的问题不是没有基础设施、没有电网可用，而是在可负担性、可靠性和可持续性等方面的能源质量问题。

什么是可持续性？

可持续性是一个耳熟能详的说法，在涉及环境的话题中尤为常见。可持续性是什么意思呢？它指的是人类利用自然环境的一种方式，可持续地利用自然环境意味着对自己的消费行为抱负责任的态度，以免对环境和（植物、动物、人类都赖以生存的）资源造成破坏。确保自身行为的可持续性，就是在为子孙后代和天地万物的福泽而保护地球。

4.1 能源 = 发展

2015年，联合国制定了17个目标，合称"可持续发展目标"（Sustainable Development Goals, SDGs），目的是到2030年消除贫困、改善健康和发展教育、保护地球、应对气候变化并确保人人享有繁荣。让更多人用上电对于实现可持续发展目标非常重要，因为获取能源与发展之间有着明确的关联。让我们来看看实现某些可持续发展目标与获取能源之间的关系。

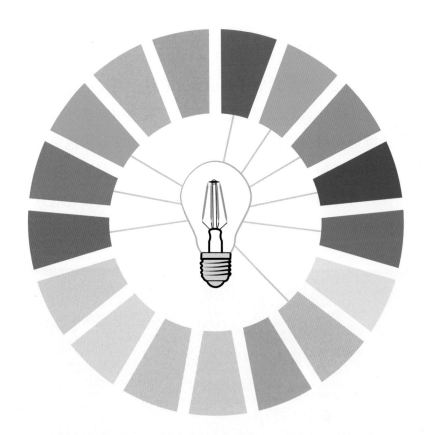

获取可持续发展目标相关信息，请访问：www.un.org/sustainabledevelopment/sustainable-development-goals/。

消除贫困和饥饿

现代能源的获取在很多方面有助于减少贫困（可持续发展目标1：无贫困）和饥饿（可持续发展目标2：零饥饿）。我们一起来看几个例子。

* 增加收入：获取稳定可靠的电力可以为发展中国家发展工业创造条件。家庭和工作场所有了基本照明，人们就能够花更多时间做作业、参加工作，从而提高生活水平和收入水平，并减少全球贫困。

* 粮食安全：我们种植作物和生产粮食的能力取决于能源获取。比如，抽水生产粮食就需要可靠的水源。地球上有70亿人口，预计到2050年世界人口将增至90亿；目前世界上已有10亿人口生活在饥饿中，人口温饱问题只会越来越严峻，也就是说我们必须提高农业能效。

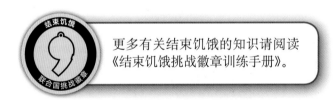

更多有关结束饥饿的知识请阅读《结束饥饿挑战徽章训练手册》。

* 减少浪费：有了能源，我们能够更长时间地冷藏储存食物，这有助于防止炎热天气下食物变质。

* 获得用水：有了电就能抽取干净安全的饮用水。用电也能改善农业：有了电，农民就可以用水泵抽水灌溉庄稼；有了能源，农业机械就能够运转起来！这样一来，作物产量也会有所提升。因此，如果贫困农民能获取能源，他们就更有可能摆脱贫困（资料来源：联合国粮农组织）。

四 能源创造更美好的世界

★ 创造就业机会：很多人从事与能源相关的工作，有的人做着能源技术改良研究工作和工程设计工作，也有人开采能源、制造能源设备，还有很多与输送能源相关的工作。有了能源，企业、工厂、医院、学校和商店也能创造更多的岗位。有了能源，就能耕作和运送农产品。所以说，能源有助于创造各种工作岗位，从而提高收入水平，而创造收入正是减少<u>贫困</u>的关键。获取能源领域工作相关信息，请访问：http://climatekids.nasa.gov/menu/dream。

© 粮农组织/Alessia Pierdomenico

健康

提升全人类健康水平也有赖于能源。

* 烹饪安全：弃用生物质和煤炭，改用改良的烹饪燃料和炉灶，能够减少家庭室内空气污染，降低罹患呼吸道感染、慢性肺病和肺癌的风险。

* 烧水：有了能源，就可以烧水，水传播疾病的发病率也会因此降低。

* 保持通信运输畅通：通信和交通是开展紧急医护服务的必要条件，这两者也离不开能源。

* 良好的卫生保健服务：医院、诊所的顺利运作离不开电和现代能源服务。说到底，医院里治病救人的 X 光机、氧气机等医护设备都离不开电力。即使是救护车也需要能源才能跑起来。医院里配备电扇对于防止细菌和疾病通过空气传播也很重要，这也需要消耗能源。

* 供暖和制冷：有了能源，人们就可以在家中安装供暖和制冷系统，这对生活在极端寒冷或炎热天气条件下的人非常重要，因为身体长时间过冷或过热，都可能会生病。

你知道吗？

燃烧生物质造成的房屋室内空气污染通常比高污染城市室外空气污染更加严重（资料来源：联合国开发计划署）。每年超过400万人（其中大多是儿童）死于这类家庭室内空气污染。

资料来源：世界卫生组织。

四 能源创造更美好的世界

你可能以为能源和教育唯一的联系就是每天早上你得铆足了劲才能昏昏欲睡地从床上爬起来去上学读书。起床上学的过程确实需要能量，但能源和教育之间还有其他各种联系。

* **放下柴火去上学**：生活在贫困社区的儿童通常花费大量时间拾柴、取水、做饭，所以使用改良的烹饪燃料和烹饪技术就意味着孩子们有更多时间上学读书、做作业。

* **照明亮起来**：电力对教育也很重要，不只是使用计算机等设备时需要电力，保证基本照明也需要电力，有了照明才能延长一天在家中活动的时间。

你知道吗？

一些极具创造性的解决方案可以帮助满足发展中国家的能源需求！创新的可再生能源技术可以造福发展中国家的学龄儿童和青少年，比如发电旋转木马和发电自行车就让孩子们能够边玩边为学校发电。学生们还可以给特殊灯盏充电，以备在家学习时照明之需。你有什么发电创意吗？

性别平等

5 性别平等

你没看错，能源在维护两性权利平等方面也大有可为。

原因如下：

* 女性力量：在许多国家，拾柴是妇女的活儿，女性常常要背负重物长途跋涉，既危险又伤身。有了<u>电</u>和现代燃料，就不再需要拾柴火了，省下的时间可以参加工作，增加家庭收入。

* 更安全的街道：除此之外，路灯照明还保障了妇女和女童的夜间出行安全，这样一来女性就可以上夜校和参加社区活动了。

* 省时省力：确保人人都能用上诸如水泵、烤箱等省时省力的<u>电器</u>，以及可用于烹饪做饭或加工粮食的<u>电器</u>。

© 联合国难民署组织／Ivan Grifi

经济适用的清洁能源

没错，可持续发展目标7聚焦能源，更确切地说，关注让每个人都能用上负担得起的、可靠和可持续的现代能源！

能源既是挑战也是机遇：你应该已经发现了，能源几乎是所有全球性重大挑战和重大机遇的核心问题。因此，能源目标对于实现其他可持续发展目标至关重要。无论是就业、安全、增收还是粮食生产领域的可持续发展目标，能源都是必不可少的要素。但是，形式或来源不可持续的能源以及使用不可持续能源造成的污染，正威胁着我们的地球家园。

你知道吗？

使用现代能源设备取代烟雾缭绕的室内明火和炉灶，每年能挽救80万名儿童的生命。

© 图片来自国际可再生能源署（IRENA）

可持续发展目标包括保护环境

（目标14：水下生物，目标15：陆地生物）和改善气候（目标13：气候行动）的目标，说到能源就不能不提环境的可持续性。

* 使用现代能源会破坏环境：我们研究过化石燃料，我们清楚化石燃料对环境造成的破坏是多方面的，是加剧气候变化的关键因素。气候变化已成事实，预计还会继续恶化，其潜在危害包括影响农业生产和全球粮食供应，影响供水和降低水质（目标6：清洁饮水和卫生设施），造成疟疾、登革热和其他疾病传播，破坏生态系统和生物多样性等。

> 能源是造成气候变化的主要因素，全球60%的温室气体排放来自能源的燃烧（资料来源：联合国）。

* 能源贫困，或者说无法获取现代能源也会导致环境破坏。这话乍一看与上文的观点相互矛盾，但我们不妨花点时间，审视一下能源贫困带来的影响。使用木材作为烹饪燃料就意味着要砍伐森林，而我们知道树木能够吸收大气中的二氧化碳，所以砍伐树木会加剧气候变化，还会破坏土壤环境，增加洪涝灾害风险。此外，传统炉灶燃烧生物质排放的烟雾也会导致全球变暖。所以你看，没有简单的答案！

✱ 插电还是断电？在贫困地区，数以百万计的人无法用上电和清洁烹饪器具，不仅带来环境问题，也使脱贫攻坚更加艰难。而工业化国家则面临相反的问题，其使用的能源会破坏环境。换句话说，经济要增长就得提高全人类的能源可及度，而要保护环境的话就得减少能源使用，这可怎么办？

✱ 人人享有可持续能源：我们要实现"人人享有可持续能源"，提供可获取、更清洁、更高效的能源。除了可持续发展目标7"经济适用的清洁能源"外，联合国还将2014—2024年定为"人人享有可持续能源十年"。实现能源可持续不仅能保护环境，还会带来其他好处。

根据联合国的说法，"可持续能源助力企业发展、创造就业机会、催生市场新需求，让数以百万计的孩童可以在天黑后学习。各国经济也将更有韧性，更具竞争力。有了可持续能源，各国可以突破传统能源体系的限制，建设面向未来的清洁能源经济。"

什么是可持续性？

2012年是人人享有可持续能源国际年。同年，联合国大会宣布2014—2024年为"人人享有可持续能源十年"，强调能源问题对可持续发展和制定2015年后发展议程十分重要。

在通过这一决议时，大会重申了实现人人享有可持续能源的决心，呼吁成员国加紧推进工作，确保所有人获取可持续的现代能源服务，并强调要普及可靠、可负担、经济可行、社会可接受、无环境危害的能源服务和能源资源，以此促进可持续发展，并特别强调了提高能源使用效率、加大可再生能源开发利用以及提高清洁节能技术份额的重要性。

你可以为实现SE4ALL目标做些什么：

确保普遍享有
现代能源服务；

2x
让全球能效改善率
提高一倍；

2x
让全球可再生能
源占比提高一倍。

欢迎访问以下网页：www.un.org/en/events/
sustainableenergyforall/www.se4all.org/。

四 能 源 创 造 更 美 好 的 世 界

如果你认为目标很遥远，不妨看看下面的数据。

* 在政府正确的领导下，越南仅用短短35年的时间就将电力普及度提高了1960%！

* 2.22亿人已经用上了电。

* 1.25亿人口（比墨西哥人口还多）用上了清洁现代烹饪燃料。

* 现代可再生能源利用率每年增加4%。

4.2 可持续发展目标帮助我们看到世界的相互联系

可持续发展目标帮助我们认识世间事物的联系，揭示一个问题或一类活动如何影响另一个问题。

例如，水、能源和粮食安全往往相互关联，通常称为"水—粮食—能源关系"。

举个例子，农业需要水，有了水才能生产粮食。有了能源，才能把水泵送到田间，才能驱动农用拖拉机和农业机械，才能把粮食送到

消费者手中。我们吃到嘴里的食物为我们读书和工作提供了能量，让我们快乐生活、健康生活。全球70%的水资源供给用于农业活动，粮食生产和供应链占了大约30%的全球能耗（资料来源：联合国水机制）。

因此，水、能源和粮食生产三者关系密切，任何一方不可持续的做法都可能对其他两方造成负面影响。例如，用水灌溉庄稼可以帮助提高粮食产量，但也可能减少河流流量，降低水力发电势能。不可持续的农业实践（包括粮食损失和浪费）会消耗大量能源，排放温室气体，导致气候变化，进而影响供水和粮食生产。过去，全球领导者曾试图将与水、能源和粮食供应相关的问题分头击破，但收效甚微。

可持续发展目标是
一个全球性倡议
旨在汇聚各国之力
将这些关联问题
合而治之。

第五章
行动起来

5.1 政府和决策者的行动

政府在实现人人享有<u>可持续</u>能源方面举足轻重，目前已有85个发展中国家政府加入"人人享有可持续能源"倡议。这些国家将聚焦能源政策、保供电项目、高能效技术和可再生能源开发计划，目的是将能源系统改良战略落到实处。

多国政府采用各种政策鼓励<u>可再生能源</u>和减少<u>温室气体</u>排放。比如，

* 财政政策，以贷款（需要偿还的借款）和补贴（无需偿还的赠款）的形式投放资金，鼓励对<u>可再生能源</u>设备进行投资。采取财政政策也能减少<u>化石燃料</u>的使用。比如，通过财政手段支持廉价公共交通出行方式或对化石燃料征税。

你知道吗？

　　加纳是第一个制定"人人享有可持续能源"全国行动计划的国家。加纳的行动计划包括提高<u>可再生能源</u>的国民普及率，目标是到2020年实现全国10%的能源产出为<u>可再生能源</u>。加纳还出台了《可再生能源法案》，这一法案也将助力<u>可再生能源</u>的推广使用。加纳还通过国家供电计划在改善供<u>电</u>方面取得了长足进步。

　　这项计划于1989年开始施行。彼时，加纳只有25%的人口用上了<u>电力</u>，而如今，加纳政府通过财政政策为67%以上的人口供应上了<u>电力</u>。因此，加纳是国家主导促进<u>可再生能源</u>使用的典范。

★ 单个用电器标准（例如，欧盟能效标识）和建筑规范（例如，LEED评级制度是<u>节能</u>设计建筑物和节能住宅的衡量标准），或规定车辆尾气排放量的国家机动车尾气排放标准。

★ 宣传和教育让人们知晓改变哪些行为习惯和使用哪些产品能够提高日常生活能效。

欧盟能效标识是用于标识电器（适用于灯泡、洗衣机等）能耗的标准。根据电器能效从A到G分级，A等效率最高，G等效率最低。随着节能技术的发展，也产生了新的等级，例如A+、A++、A+++。所以，下次在冰箱上看到这张彩色贴纸时，你就该知道这个家电的能效了。

国际组织

许多国际组织正在推动能源相关倡议的落地，努力减少<u>温室气体</u>排放，并致力于解决全球能源问题。

UN-Energy　　联合国能源机制（UN-Energy）支持各国促进能源开发利用，帮助各国开发<u>可再生能源</u>资源，提高<u>能效</u>。www.un-energy.org。

联合国开发计划署（UNDP）提供知识和资源，帮助各国制定<u>减贫</u>方案。该组织开展能源活动的焦点在于加强各国供电的能力、制定政策的能力和资助能源倡议落地的能力。www.undp.org/content/undp/en/home.html。

联合国欧洲经济委员会（UNECE，简称"欧洲经委会"）致力于可持续能源工作，旨在提高全人类经济适用清洁能源的可及度，助力降低温室气体排放和欧洲能源产业碳足迹。欧洲经委会也推动政府、能源行业和其他利益相关者之间的国际政策对话与合作。www.unece.org/energy/se/com.html。

联合国气候变化框架公约（UNFCCC）正努力让各国政府承诺削减温室气体排放，防止气候变化对环境的负面影响。http://unfccc.int/2860.php。

联合国粮食及农业组织（FAO）提供知识方法和技术，帮助各国开展能源智能型（节能和可持续的）农业实践。www.fao.org/energy/en/。

政府间气候变化专门委员会（IPCC）是研究气候变化的专家组，致力于帮助制定气候变化和能源使用的相关政策。www.ipcc.ch。

国际能源署（IEA）致力于寻找能源和环境问题的解决方案。国际能源署通过研讨会和学生培训等各种方式，推广可靠、经济适用的清洁能源。www.iea.org。

世界银行集团（WBG）支持发展中国家通过融资、政策建议、合作项目和知识共享等方式为家庭提供清洁电力。www.worldbank.org。

非政府组织

除了国际组织，还有许多非政府组织致力于解决发展中国家的能源问题。其中部分是社会企业，它们的目标是改善人们的生活水平，并提供工具和技能，帮助人们提高收入、获取能源。

太阳姐妹（Solar Sister）帮助农村妇女创办社区太阳能商店，贩售太阳能灯盏，也帮助社区以太阳能灯代替燃料昂贵的煤油灯，实现节省支出和节约能源。访问以下网页了解更多信息：www.solarsister.org。

IBEKA

印度尼西亚以人为本经济商业倡议（People Centered Economic and Business Inititative, IBEKA）在印度尼西亚建设社区共享产权的小规模水电厂。访问以下网页了解更多信息：http://ibeka.netsains.net。

Shri Kshethra Dharmasthala 农村发展项目（Shri Kshethra Dharmasthala Rural Development Project, SKDRDP）帮助印度家庭投资发展可再生能源系统，例如沼气厂和家用太阳能系统。访问以下网页了解更多信息：www.skdrdpindia.org。

5.2 你的行动

要实现可持续发展、应对气候变化，就需要我们尽可能地节约能源。在日常生活中做出一些小改变，就能降低能耗，减少碳足迹。

碳足迹

你知道你的碳足迹有多高吗？碳足迹就是你活动（例如，出行、用电、供暖、制冷、烹饪等）所产生的二氧化碳排放量。碳足迹是衡量环境影响的一种方法，也可用于衡量和比较生产不同产品的排放量。日常生活中，用电、燃气供暖、驾车出行，甚至是丢个垃圾，都会增加碳足迹。

⊕→ 试试这个简易的碳足迹计算器：
https://footprint.wwf.org.uk/#/。

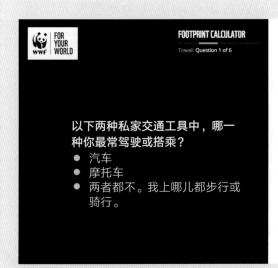

交通出行往往占碳足迹的很大一部分。

注意：这里问的是你使用私家车或摩托车出行的情况，下一问会了解你公交出行的情况。如果你出门都是步行或骑行，请选择"两者都不"。

想一想如何减少<u>碳足迹</u>。下面是供参考的示例：

 用水：在刷牙的时候把水关掉；试着缩短淋浴时间，因为加热和抽水都消耗能量。

 居家活动：用电器的插头要拔下来！你知道吗？家中的任何用电器（电视、DVD播放器、Xbox游戏机）在关机状态也会耗电。

 **交通出行**：以骑行或步行代替乘车。乘坐公共交通工具也是减少个人碳足迹的好方法。

 食物：留意食品和饮品的选择。比如，少吃牛羊猪肉，多摄入小扁豆、坚果等植物性蛋白，多吃本地时令果蔬。

 照明：将旧的白炽灯泡更换为新型发光二极管（LED），同样的亮度下，LED省电超20倍。

 浪费：减少用量、重新回收、再次利用！比如，购物袋可以重复利用，多喝自来水、少喝瓶装水，少用食品容器，生活用品（纸、罐头、玻璃、塑料等）尽数回收。

 获得更多信息请访问：
www.un.org/sustainabledevelopment/takeaction/。

每个人都可以做点什么！能效和节能不只是科学家和决策者需要解决的问题，我们也能有所作为。没错，也包括你！在使用可再生能源和实现全人类有电可用这件事上，我们大有可为。这里为你提供十个想法，快快行动起来吧。

变更家用能源方式

安装节能灯泡。不需要时关灯、关电脑，关闭一切电子产品。修好漏风的门窗。在户外晾干衣物，不要使用滚筒烘干机。减少供暖和制冷用电，仅仅几度温差，也会有很大的不同。

阳光充足的时候，在窗边做功课，不开灯。关好冰箱门。开暖气的时候注意关闭门窗。

气候变化
联合国挑战徽章

阅读《气候变化挑战徽章训练手册》，获得更多灵感。

环境友好型食物

选择生产能耗低的食物或者不是从远方进口的食物，比如本地水果、蔬菜和奶制品。也可以在小花盆或花园里种植食物。此外，少吃红肉也能够拯救森林，因为建设草场会导致数百万公顷的森林遭受破坏，而森林能帮助我们应对气候变化。研究一下不含牛肉的食谱，每周试着吃一次替代餐，用豆类（同样含有蛋白质）取代肉类。想要了解更多信息，可以参阅《营养挑战徽章训练手册》。

减少浪费

按需购买食物，避免浪费。剩菜可以留着第二天吃，这样就不会浪费了。尽可能购买包装简单的食品和产品，只买真正需要的东西。尽可能不要丢弃塑料制品，试着使用可重复利用的水瓶和布袋，用可重复利用的食物容器存放剩菜。

重复利用

在回收或丢弃之前，看看还能不能重复使用。比如，可以把纸板用在艺术项目中，把旧衬衫缝成袋子，或者把看过的书捐给学校。用报纸包装礼物。在旧货店、公益店或二手店购物。使用可重复利用的购物袋，购物时随身携带。带上自己的杯子或水瓶。旧物件能修就修，能不买新的就不买新的。

回收纸、铝、塑料和玻璃

如果你所在地区没有回收设施，可以了解一下如何在社区或学校开展回收项目。尽可能将食物残渣用作堆肥。

有意识地选择绿色出行

尽可能选择温室气体排放较少的出行方式，步行、骑车、公交或拼车都可以。车内等候时，请关闭发动机。

参加对环境友好的娱乐活动

一些娱乐活动需要使用高能耗的机器设备，例如摩托艇、电子游戏、电脑游戏和看电视。而阅读、绘画、棋类和球类则比较节能。

参与环保组织志愿活动

加入环保志愿队，就可以通过多种方法助力环保节能。

找到本地的环保组织，加入他们吧！

多多宣传

对能源以及能源对环境的影响了解越深入，我们就越有可能采取行动。把挑战徽章中了解到的信息用起来，鼓励朋友、家人和所在社群一起负责任地使用能源。

善用政治手段

联系属地选民代表，让他们知道你支持可持续能源技术和高能效项目。如果你（或你的家人）即将在选举中投票，可以关注哪些政客支持能源环境政策。

翻阅第五章的课程活动，你会有更多的想法。

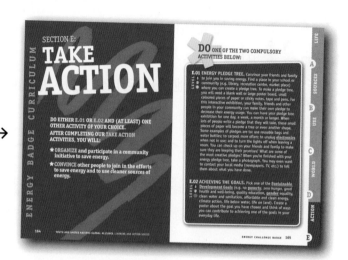

这样你就没有借口了!

发挥你的聪明才智,
开始改变世界吧!

第一章

能源
即生命

能源徽章训练课程

在1.1和1.2中选择一项必选活动，并至少完成一项自选活动。

完成"能源即生命"活动后，你将能：

* 理解能源对于地球生命的重要性。
* 了解你所在地区的食物链。

在下列必选活动中
选择一项：

1.1　阳光故事。人类生活在地球上，

级别 **3 2 1**

享用着太阳能量的恩泽（太阳能）。不过，太阳对人类生活的影响远不只是提供能量。在历史的长河中，人类曾有过太阳"崇拜"，也信奉过太阳神。可以去学校图书馆或地方图书馆调查一下太阳在特定文化宗教中的地位，在下次组会上把调查发现以博物馆展览的形式图文并茂地展现出来。

1.2　绘制食物链。你身边都有什么动植物？深入研究一下你

级别 **3 2 1**

所在地区的食物链吧。把食物链画出来，还可以通过绘制食物网去展现不同食物链之间的关联。想想你最喜欢吃什么，你爱吃的食物里只有生产者吗？有没有食物链上端的生物呢？以你最爱的食物为起点，慢慢回溯到生产者，一步一步绘制食物链。如果爱吃的食物里只有生产者（比如，谷物、水果、蔬菜），你就画不出一条食物链。如果是这样，可以选取你所处文化中可食用的一种动物，以它为起点将食物链延伸到生产者。食物链是碳循环的一小部分，食物链与你所在社区的碳循环有什么联系呢？

在下列自选活动中
至少选择一项：

1.3 风的推力。小组讨论风对动植物等各类生物有何作用。你见过
被风吹起的花粉和叶子吗？见过鸟儿顺风飞行吗？有可能的
话，跟组员一起找个有风的天气放放风筝。注意选择开阔的场
地放风筝，远离人群和电线。你可能会发现，风够大风筝才飞
得起来，而有时候风力不够风筝就不太能飞起来。还可以观察
鸟类、花粉和植物的其他部分如何随风飞舞。没有风的世界会
是怎么样的？你可以先顺风奔跑，然后再逆风奔跑。感觉到区
别了吗？还可以做一个小风车，看看在不同风力下，风车转动
的速度有何区别。风车制作指南可以在下面的网页找到：www.
firstpalette.com/Craft_themes/Nature/pinwheel/ pinwheel.html。 使
用剪刀和小针时要注意安全，可以向老师或者领队寻求帮助。

1.4 太阳光线。做一个风动小太阳！画个圆圈，再往外画八束光
线。每束光线上写下太阳影响地球生命的途径（比如，照明、
帮助植物生长、产生风）。在圆圈中心戳一个小孔，把小太阳
吊起来，一个能提示太阳作用的风动小太阳就做成了！

1.5 植物生长实验。太阳如何帮助植物生长？了解一下在太阳光照下，植物如何通过光合作用实现生长。在小盆子、牛奶盒或者其他食物包装盒里种两三株小植物。种下你爱吃的果蔬，观察种子生长！要记住，植物生长需要水、阳光、土壤养分和空气。植物开始生长之后，你可以做个实验，把一株植物放在家中或教室的阴暗角落，把另一株放在阳光充足的地方，每天都给两株植物浇水，持续实验一周。你能看出两株植物有什么不同吗？为什么会有不同呢？

级别 ● ② ①

1.6 碳循环之歌。以碳循环为主题写一首易于记忆的歌，与其他组员或好友分享这首歌。

级别 ● ② ①

1.7 语言冒险。每位组员分配一个国家（国家清单见www.un.org/en/members），独立研究如何用该国官方语言表达"能源"。小组内分享发现，然后组织小组竞赛，看看谁能记住最多语种的"能源"。把各国语言中的"能源"组合起来，编成一段绕口令。

级别 ● ② ①

ενέργεια 能源
energía energia
طاقة энергия

1.8 风浪之舞。小组讨论太阳如何通过为地球加温产生风和浪。你
③
②
级别 能解释太阳引发风浪的原理吗？抓住灵感，以地球的不均匀受
①
热和由此产生的风浪为基础，编一段风浪之舞，向亲友展示，
还可以编一段伴奏舞曲。如果你在编舞方面有足够的灵感，还
可以编一段舞蹈来展现碳在空气、水和不同动植物之间巡游的
历程。

1.9 碳的世界。进一步了解碳循环！走进本地的森林、自然保护
③
②
级别 区、沙滩、农场、公园或其他户外场所，去观察动植物。你见
①
到了哪些动植物？看到水体了吗？看到枯枝落叶了吗？在下
次组会上一起讨论发现，或者制作海报介绍动植物如何获取碳
源，又如何将碳释放回大自然和大气层，还可以讨论水和森林
为何是碳循环的一部分。访问以下网页了解更多信息：www.
kidsnewsroom.org/climatechange/carbon_cycle_version2.html。

1.10 温室效应。你想知道温室效应的原理吗？有一个小实验能让
③
级别 你看到温室的效果。实验要用到两支小温度计、一个烧杯或者
②
其他透明容器、一个时钟或手表，还有一盏日光灯或者一个阳
光明媚的角落。把两支温度计都放在阳光充足的地方，其中一

能源徽章训练课程

支温度计用倒扣的烧杯罩着。你要做的是每隔一分钟记录一次温度计示数，连续记录十分钟。烧杯扣着的温度计示数和杯外的温度计示数有区别吗？这个实验和温室效应有什么相似之处吗？关于实验，可以访问这个网站获取更多信息：http://sln.fi.edu/tfi/activity/earth/earth-5.html。

1.11　地球升温。地球上有些地区因为地表类型、地表颜色等因素升温更快。你注意到向阳处和背阳处的温差了吗？地球受热不均匀，由此产生了风浪。你觉得是水吸热多还是陆地吸热多？你觉得地面的颜色（比如，冰面、沙面和黑土地面）对吸热量有什么影响？做个实验，看看不同颜色的土壤和水面在吸热和保暖上有什么区别？实验需要一个阳光充足的地方或一盏强灯、三个平底锅（或盘子）、黑色土壤、浅色的沙子、水、三支温度计和一个手表。分别用土壤、沙子和水将三个平底锅填充到相同的高度，锅内各放入一支温度计。将锅或盘子放置于强灯或阳光下，每分钟记录一次示数，连续记录十分钟。随后，把平底锅放在阴凉的地方，每分钟记录一次示数，持续记录十分钟。你也可以用湿土、干土、剪草或其他类型的覆盖物进行实验。你所在的地区哪种地面吸收太阳热量最多？访问以下网页获取实验的详细介绍：www.ucar.edu/learn/1_1_2_5t.htm。

级别

1.12 气泡与烘烤。<u>二氧化碳气泡</u>能帮助烘焙食品发面！换句话说，煎饼、多种面包、蛋糕和其他甜食中都含有<u>二氧化碳气泡</u>。我们会用酵母或酸基化学反应来产生气泡，比如，用小苏打与酪乳、柠檬汁等酸性成分发生反应。因此，在烘焙食物的时候要加入酵母或小苏打！

级别 ③ ② ①

如果使用酵母，注意在烘烤前预留时间让面团发酵。自己找找食谱，或者直接试试这个面包食谱：www.projects-for-kids.com/food-projects/dough.php。

1.13 展现碳循环。了解一下<u>碳循环</u>并制作一支碳循环视频！你可以设计短剧、卡通片，或者将其他创意融入<u>碳循环</u>视频中。不拍成视频也行，可以向父母或其他人表演短剧或展示作品。访问以下网站进一步了解<u>碳循环</u>：http://C03.apogee.net/contentplayer/?coursetype=kids&utilityid=gcpud&id=16174。

级别 ③ ②

能源徽章训练课程

1.14 谈谈改变。研究一下<u>碳循环</u>和<u>气候变化</u>：人类如何影响碳循
 环？你觉得使用<u>化石燃料</u>是否对地球<u>气候</u>产生了影响？你觉得
什么因素导致了气候变化？找出支持你论点的事实和信息。对
于气候变化我们能做些什么？<u>气候变化</u>的潜在影响是什么？气
候变化已经对世界上某个地方造成影响了吗？基于自己的研究
发现，与小组成员讨论或辩论。

1.15 气候变化文章。<u>气候变化</u>如何影响你所在社区的居民和环境？
 阅读本地<u>气候变化</u>的新闻报道，就<u>气候变化</u>发生的原因以及气
候变化对本地或国家能源及能源生产造成的影响，写一篇新闻
报道。除此之外，还可以研究<u>气候变化</u>如何影响火山、地震和
海啸等自然现象。查一查世界上哪些地区受<u>气候变化</u>影响最大
并研究原因。

1.16 经老师或领队批准，可以开展其他活动。

级别

第二章

能源的
来源和影响

在2.1和2.2中选择一项必选活动，并至少完成一项自选活动。

完成"能源的来源和影响"活动后，你将能：

* 了解你所在的社区使用了哪些能源以及能源技术的原理。

* 认识常见能源对环境造成的影响。

能源微章训练课程

在下列必选活动中
选择一项：

2.1 能源发电模型。你所在的国家使用何种能源？有没有<u>水</u>
级别 ❸❷❶ <u>电站</u>、风力<u>涡轮机</u>或核<u>电站</u>？画一张国家地图，标记每
个地区不同能源的使用情况。国内是否在开采能源？任
何发电方式，无论是<u>化石燃料</u>发电、<u>水电</u>还是核电，都
多少会对环境造成影响。通过调研了解不同能源和不同
能源利用方式对环境产生的影响。然后，选定一种<u>可再</u>
<u>生能源</u>，用回收材料制作这种可再生能源及其周围环境
的模型（例如，纸板风力<u>涡轮机</u>），在下次组会或课堂上
展示模型，并解释这种发电方式的原理及其对环境造成
的影响。

2.2 实地走访。去探访发电的地方，比如去风电厂、<u>水电站</u>
级别 ❸❷❶ <u>大坝</u>、核<u>电站</u>或太阳能电厂了解发电的方式。如果条件
允许，还可以安排参观或与工作人员交流。能量是如何
产生的？对环境有何影响？产生的能量供谁使用？这种
能量系统面临哪些挑战？撰写一篇新闻风格的文章来汇
报你的发现，介绍探访中的所见所闻。

在下列自选活动中
至少选择一项：

2.3

级别 ①

能源游戏。能源游戏是"豆豆游戏"（Bean Game）的变体，玩家需要做出不同动作以获得不同的能源。这个游戏需要在大房间或室外场地进行，还得指定一人作为发号员。游戏一开始，玩家在区域内步行或慢跑。当发号员说出某种能源时，玩家要做出对应动作：

* 煤炭——躺在地上蜷成一团

* 水电——跑来跑去模拟河流或者前后跑动模拟波浪，可以根据玩家年龄灵活二选一

* 太阳能——晒日光浴

* 天然气——捏住鼻子

* 核能——交叉双臂，在房间到处"振动"

* 地热——蹲下用地板暖手

* 生物燃料——假装自己是一株植物或者一头牛

在学会基本动作后可以发挥创意增设额外规则。游戏结束后，看看组里谁能说出所有的能源。

资料来源：www.ducialideas.co.uk/pe/beans.htm。

2.4

级别 ②①

风吹或日晒。用鲍勃·迪伦（Bob Dylan）的 *Blowing in the Wind* 的副歌与和声，写一首关于风能的歌，或者用甲壳虫乐队（又名披头士）的 *Here Comes the Sun*，写一首关于太阳能的歌。

能源徽章训练课程

青年与联合国全球联盟学习和行动系列

2.5 那"老家伙"。间歇泉是<u>地热能</u>的来源之一。有一口著名的间歇泉叫"老忠实泉",位于美国黄石公园,因为喷发间隔有规律、可预测而得名"忠实"。你所在地区有天然的<u>地热能源</u>吗?比如,温泉或间歇泉。如果有天然地热源,可以小组为单位去探访所在区域,拍照、记录,回头跟朋友和家人分享发现。如果没有这样的地方,也可以选择世界上任意一处知名地热区,将相关的照片、信息和趣闻轶事拼贴起来。

级别 ● ② ①

2.6 发电厂。农业既消耗能源,又能提供能源。让小组成员各自挑选一种<u>生物燃料</u>作物,着手准备它的"传记",谈一谈种植这种作物消耗了多少能量、又产生了多少能量,这种作物最常见的用处是什么、在哪里耕种。"传记"写成后在组内展示,别急着揭晓作物名字,让其他组员先猜一猜。

级别 ③ ② ①

2.7 展示化石燃料。分成若干小组,每组选择一种<u>化石燃料</u>,例如<u>煤</u>、<u>天然气</u>,以小组为单位准备一个尽可能全面的主题报告。可以制作一张幻灯片或者一张海报,甚至是一个纸浆模型,尽可能做到色彩丰富、生动有趣。这种<u>化石燃料</u>有什么优点?有什么缺点?在全球应用有多广泛?在下次会议上,各组将介绍各自的工作成果。

级别 ③ ② ①

二 能源的来源和影响

2.8 阳光下的乐趣。动手做做简单的<u>太阳能</u>实验，了解在较少的阳光中包含了多少能量，并动手制作一些艺术品！请按照网页上的指南动手操作：www.green-planet-solar-energy.com/solar-energy-education-8.html。

级别 ③ ② ①

2.9 社区可再生能源。看看你家或学校使用哪种能源供电。是<u>可再生能源</u>吗？如果不是，看看所在社区都有什么<u>可再生能源</u>。如果所在地区有<u>可再生能源</u>供应商，可以和父母探讨转换能源的问题，甚至可以和老师谈谈学校和社区该如何提高能效。

级别 ③ ②

2.10 研究地热。<u>地热能</u>是地下深处的<u>热能</u>，可用于家庭取暖和部分地区发电，前提是所在地区近地表处有可以利用的<u>地热能</u>。研究一下<u>地热能</u>，了解更多信息！社区里有人使用<u>地热能</u>吗？如果有，用的是哪种地热系统呢？如果没有，看看能否在你的社区使用<u>地热能</u>。想想使用地热系统能否帮助社区省电省钱。

级别 ③

2.11 可再生能源主题写作。研究了解国内有哪些<u>可再生能源</u>。有

级别
百分之多少的能量来自<u>可再生资源</u>？如果你认为可再生能源
普及度不够，可以给政府写信，敦促他们扩大<u>可再生能源</u>投
资、倡导提升能效的举措和投资。明确告诉他们你为什么认
为使用可再生能源很重要，为什么希望他们采取行动。鼓励
朋友和家人一起写信吧！

> 【你的地址】
>
> 【日期】
>
> 尊敬的【部长姓名】
>
> 　因为我对国内能源问题很担忧，所以提笔给您写了这封信。在我国，
> 只有10%的电力来自可再生能源，这不仅降低了我们的经济竞争力，还
> 会引发气候变化并造成其他环境问题。放眼邻国，我们已经远远落后，我
> 认为我们可以向邻国学习一些做法……

2.12 食物还是燃料。关于<u>生物燃料</u>，还存在争议。有人认为利用农
级别
作物生产<u>生物燃料</u>会影响全球粮食供应，你可以研究一下这个
问题，了解<u>生物燃料</u>的利弊。选定正反一方，与小组其他成员
展开辩论。谁赢了辩论？理由是什么？

2.13 经老师或领队同意，可以开展其他活动。
级别 **①②③**

第三章

能源
的使用

在3.1和3.2中选择一项必选活动，并至少完成一项自选活动。

完成"能源的使用"活动后，你将能：

* ✱ 熟悉每天消耗的各种能量。
* ✱ 下定决心在日常生活中力行节能。

能源徽章训练课程

在下列必选活动中
选择一项：

3.1 日常能量。什么是能量？试着用自己的语言解释在纸上
级别 ③②① 写下或画出一些日常活动（吃饭、刷牙、走路上学、乘
坐公交、踢球、写作业、唱歌跳舞、看电视、洗碗、做
晚餐等）。在各种活动中，你消耗了哪种形式的能量？选
择一项日常活动，在组内展示活动中涉及哪些形式的能
量，以及能量如何从一种形式转化为另一种形式？你能
想到太阳的能量对你的日常活动有什么作用吗？

3.2 无电子产品挑战。世界各地很多年轻人每天花在手机、
级别 ③②① 电脑、电视等电子产品上的时间越来越多。你每天花多
长时间使用电子产品？在这项挑战中，你会发现自己一
天当中有多少时间是可以不用电子设备的。在这段时间
里，你可以散步、运动、读书、帮父母或邻居干活、跳
舞或做作业。为这项为期一个月的无电子设备挑战制作
一张图表，记录你在挑战期间的活动和每天节省的电子
设备使用时长。挑战中最大的困难是什么？你从挑战中
学到了什么？挑战月结束后你还能继续坚持、甚至延长
每天不使用电子产品的时间吗？坚持下去！你一定行！

三 能 源 的 使 用

在下列自选活动中
至少选择一项：

3.3

级别 ①

减少用量、重复使用、回收利用。在这个活动中，你需要三个纸箱子：一个大箱（快递箱，100厘米），一个中箱（水果盒子，50厘米）和一个小盒子（礼物盒，10厘米）。大箱标记"减少用量"，中箱标记"重复使用"，小盒子标记"回收利用"。减少用量、重复使用、回收利用，三者这么排列是有原因的：即使回收利用了，仍会消耗大量能源，所以最好是减少用量和重复使用。用不同的方式把盒子堆叠起来，看看怎么堆叠结构最稳定。小组讨论为什么按"减少用量、重复使用、回收利用"的顺序堆叠最稳定、最有效。在盒身写上你可以减少用量、重复使用和回收利用的东西。每个人都可以在生活中做出一项改变，比如不再购买瓶装水并回收空瓶子，而是使用可重复使用的水瓶。最重要的是要付诸行动！〔资料来源：澳大利亚女童军（Girl Guides Australia）〕

3.4

级别 ①

能量和重力。在这个关于<u>势能</u>、动能和<u>重力</u>的演示中，你需要一辆小玩具车（或小球或其他能滚动的物体）和一个坡面。将小玩具车放在坡顶，斜坡顶部的物体此时具有<u>势能</u>。轻轻推一下汽车，使它滑下坡道。推动小车的力将车内的<u>势能</u>（储存的能量）转化为<u>动能</u>（移动的能量），这时你的推力和小玩具车的<u>重力</u>共同将其<u>势能</u>转化为动能。想想有没有其他方法能证明和展现动能与<u>势能</u>。访问以下网页了解更多信息：www.phoenixlearninggroup.com/Images/Custom/Kinetic_and_Potential_Energy.pdf

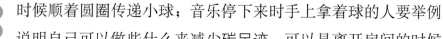

3.5 减少碳排放量。在这个游戏中，小组围成一圈，音乐播放的时候顺着圆圈传递小球；音乐停下来时手上拿着球的人要举例说明自己可以做些什么来减少碳足迹，可以是离开房间的时候记得关灯、电子设备不用的时候关机并拔下插头、按需烧水等（资料来源：澳大利亚女童军）。

级别 ①

3.6 开合跳能量活动。势能和动能有什么区别？动能是运动的能量，而势能是准备运动的能量。把手臂高举于肩膀上方，两腿分开站立，全身形成一个倒 V 形，在这个状态下，你正在储存势能，并准备将势能转化为移动的动能！做一个开合跳（手臂向身体两侧移动，双腿并拢）！手臂和腿移动的时候，你就创造了动能；停顿的时候，你在保持动能。讨论日常生活中动能和势能的其他例子（比如，山顶的球具有势能，而移动中的球具有动能；加满汽油的汽车具有势能，而移动的汽车具有动能）。访问以下网页了解更多信息：www.phoenixlearninggroup.com/ Images/Custom/Kinetic_and_Potential_Energy.pdf。

级别 ①

3.7 过去的能源。过去人们生活中使用的技术和能源与今天不同。与祖父母等老一辈人聊聊他们小时候使用的能源。他们用<u>电</u>吗？过去家里有电视机或电脑吗？使用哪种燃料做饭呢？如何给房子供暖？用什么照明？你觉得是过去消耗的能源多还是今天消耗的能源多？制作表格，对比你祖父母一辈的答案和你的答案，小组讨论答案的差异。

级别 ② ①

3.8 能量实验。能量如何从一种形式转变为另一种形式？能量转变的方式之一是化学反应。在这个实验中，你需要小苏打、醋和一个大碗。在大碗中倒入一勺小苏打，然后加一点点醋。会发生什么反应？你观察到了什么现象？你看到的气泡实际上是<u>二氧化碳</u>！你观察到的是<u>势能</u>变成<u>动能</u>或者说液体变成移动气泡的过程。访问以下网页了解更多信息：www.sciencekids.co.nz/experiments/ vinegarvolcano.html。

级别 ② ①

3.9 太阳能烹饪。在下一次组会上，可以尝试制作太阳能烤箱，利用太阳能进行户外烹饪。访问以下网站可以获得操作指南：www.hometrainingtools.com/build-a-solar-oven- project/a/1237。如果天气不够晴朗，也可以自制水力<u>涡轮机</u>。这里有制作方法：bit.ly/gyifjj。

级别 ③ ② ①

能源微章训练课程

3.10

③
②
①

级别

用电安全检查表。如何确保居家用能安全呢？回头看看《能源挑战徽章训练手册》开篇"安全注意事项"的内容把你认为的家庭用能安全重要事项列成清单，和父母家人一起全面检查自家房子，确保家里用能安全。比如，把电线收纳起来就不会绊到人，确认电线没有破损，看看插座上延长线、插头是不是过多，壁炉有没有护栏围着，家里有没有安装火灾探测器等。和父母谈谈家庭安全用电和安全用能。还可以就学校安全用电、安全用能列一张检查清单。家里如何为用电紧张或者停电的情况做好准备？制定预案，备好手电筒和电池。

3.11

③
②
●

级别

能量的形式。了解第54页提到的不同形式能量（动能、势能、机械能等）。

分成四人小组或五人小组，给每位小组成员分配一种能量形式，各自想想这种能量形式的特征（例如势能永远在等待；机械能就像是机器人）。编排一出短剧，清楚地展示不同能量形式之间的差异，表演给其他组员或朋友家人看。他们能猜出每个人扮演的是哪种形式的能量吗？

3.12 测量能量。查找各种能量单位，如焦耳、千瓦时、马力等。
了解每个单位都有什么作用，用在日常生活中的哪些地方。
试着想想一天当中哪些活动需要用能量单位来测量耗能。看
看电费和煤气费，你花了多少钱购买能源？消耗了多少能
源？如何才能提高能效、减少支出呢？同组员分享你的发现。

级别 ③ ②

3.13 节能建筑。参观使用太阳能电池板或其他能效提升技术自行
供能的住宅和建筑。这些房屋使用了哪些建筑材料？如何做
到节能？它们的节能系统面临哪些挑战？可以把房子做成模
型或者画下来，在班上或组会上展示，模型和图画上要标注
房子的节能设计。

级别 ③ ②

3.14 吃下去的能量。分成两个小组，各自准备食物卡片和对应的
食物生产能耗卡。卡片内容不必局限于食物，可以把范围扩
大到食物制作生产过程中用到的其他物品。比如，渔船消耗
的能量，制造化肥、农药消耗的能量。把牌洗匀后和另一个
小组交换牌组，率先正确匹配所有食物卡片和能耗卡片的小
组胜出。配对的结果出乎意料吗？

级别 ③ ②

3.15 令人精力充沛的食物。你知道吗，生产不同的食物消耗的

级别 **3** **2** ●

能量也不尽相同？举个例子，生产一卡路里牛肉所需的能量是生产一卡路里玉米耗能的 25 倍。研究一下你最爱的食物，调研生产过程中需要消耗多少能量、通常消耗哪种能量，并与组员交换意见。谁喜欢的食物最为"能量饥渴"？准备一份清单，将食物按照能耗大小升序排列。研究的结果有没有让你想改变某些饮食习惯呢？准备一顿低耗能的饭菜，可以包括本地果蔬，包装少、加工过程简单的食物。和组员一起做饭或者独自下厨。挑战自己，尝试新食谱，甚至可以自己编写食谱。你爱吃自己亲手准备的食物吗？

3.16 制作电池。你真的对电感兴趣吗？不妨在家自己动手做

级别 **3** **2** ●

电池实验！电池在日常生活中无处不在，汽车、手机、助听器、计算器，都得使用电池。要自制电池，你需要一颗马铃薯、一枚钉子、一枚硬币、一卷金属丝和一支电筒。按照这里的指示进行操作：http://stemplanet.org/content/homemade-battery。使用锋利的工具时，要确保有成年人在一旁协助。

不要玩真的电池，很危险！

3.17 经老师或领队同意，可以开展其他活动。

级别 **1** **2** **3**

第四章

能源
创造更美好的世界

在4.1和4.2中选择一项必选活动，并至少完成一项自选活动。

在完成"能源创造更美好的世界"活动后，你将能：

* 了解国内和国外存在的能源问题。
* 创造性地思考如何帮助解决能源问题。

能源徽章训练课程

在下列必选活动中
选择一项:

4.1 能源来帮忙。分成八个小组,各组选择一个<u>可持续发展</u>
3 <u>目标</u>(例如,<u>无贫穷</u>、零饥饿、良好健康与福祉、优质
2 教育、<u>性别</u>平等、清洁饮水和卫生设施、负担得起的清
级别 ⚪ 洁能源、气候行动、水下生物、陆地生物),尽可能多地
想出能源对实现该目标的影响,想法最多的一组获胜。

4.2 你能猜出是哪个目标吗?分成四人小组或五人小组,每
3 组选择一个<u>可持续发展目标</u>,对其他组保密。发挥创
2 意,编排一个短剧,内容是你选择的可持续目标,但不
级别 **1** 说出具体目标,在其他组面前把短剧演出来,让他们猜
猜你们演的是哪个目标。

在下列自选活动中
至少选择一项：

4.3 创意能源。充分发挥天马行空的想象力，写一个短篇故事，要求包含创新发电方式。比如，人们可以蹬着能源自行车为MP3播放器和灯泡供电：www.globalactionplan.org.uk/energy-bike。把创意点子写成故事。你的想法可行吗？需要什么材料才能实现你的发电创意？把发电方案画下来或者制成模型。

级别 ③ ② ①

4.4 碳分级。查找各国二氧化碳排放量。你的国家排名如何？处于现在的排名位置，原因是什么？制作一张海报来展示你的发现，尽情发挥创意，甚至可以画成一张地图！在这里可以了解各国二氧化碳排放量：https://footprint.wwf.org.uk/#/。

级别 ③ ② ①

4.5 地球仪游戏。想想你与其他国家有何联系。你穿的衣服是哪里制造的？你的食物从哪里来？你使用的能源从哪里进口？完成思考和讨论环节，就可以开玩了！你需要一个充气地球仪，所有组员围成一圈，互相投掷充气地球仪。接到地球仪的时候，你要指着一个与你有联系的国家，说出这种联系。你可以说"我早餐吃的燕麦粥里有中国产的大米"，"我的衬衫是印度产的"，或者"我最喜欢的足球球员来自墨西哥"。这个游戏还有其他玩法，用球代替地球仪，在没有地球仪提示的情况下想出一个国家。

级别 ① ① ①

4.6 能源猜词。以小组为单位制作一组卡片，每张卡片都写上与能源有关的单词，如"可再生""清洁""可持续"等，尽情发挥创意！把卡牌混合起来，开始玩猜词游戏。轮流抽卡解释卡片上的词汇，要求不能直接说出这个词汇，也不能说"第一个字是……"，其他组员依据听到的解释猜词。如果组员三两下就被猜到，可以提高难度，试试"你演我猜"，把卡片上的词汇演出来，让组员看着表演猜词。

级别 ② ①

4.7 健康检查。为你的家人或朋友准备一个污染知识测试，答案可能让他们大吃一惊。你可以问他们这样一些问题：哪里的空气污染最严重？是什么导致了本地空气污染？这个网站可以作为研究的起点：www.who.int/mediacentre/factsheets/fs292/en/index.html。如果你对能源和健康问题感兴趣，可以邀请专家给你的小组做关于污染和保护自身安全的专题讲座。

级别 ② ①

4.8 国际视角。你有外国朋友吗？和他们谈谈身边的能源使用习惯。他们的生活方式中有"更绿色"的习惯吗？你生活中有"绿色"的习惯吗？举个例子，在巴基斯坦的许多城市，政府实施"减负荷"政策，每天停电几个小时，以此节约能源。如果你的朋友有过类似经历，可以问问他们停电的时候是如何打发时间的。你能从对方身上学到什么？

级别 ③ ② ①

4.9 金点子。关于<u>能效</u>有很多伟大的想法和项目。例如，"太阳能滴灌"项目正帮助贝宁共和国的农民务农，塔吉克斯坦的小规模水电站为家庭和学校供电。在这里可以了解更多点子：www.sustainableenergyforall.org/ about/success-stories。从中选择一个项目，小组准备一份演示文稿。你觉得这个项目能在本地实施吗？

级别 ③ ② ●

4.10 社会影响。<u>发电厂</u>可能对不同的社区产生或积极或消极的影响。<u>发电厂</u>供应<u>电力</u>，但也会破坏环境，影响健康或造成其他社会影响。你们身边有<u>发电厂</u>吗？研究一下国内或国外一些社区的<u>发电厂</u>。<u>发电厂</u>对附近居民有何影响？如果你住在<u>发电厂</u>附近，还可以问问社区居民，了解他们如何看待<u>发电厂</u>带来的影响。你也可以通过阅读报刊文章或互联网文章来了解发电厂对附近居民的影响。

级别 ③ ② ●

4.11 能源饥渴。如你所知，世界各地的现代能源服务和清洁烹饪设施覆盖程度不同。在这个游戏中，你需要一张世界地图和一台联网的计算机。一位组员负责查找世界各地能源的<u>匮乏</u>状况或能源可及度信息，其他人轮流走到地图前，闭着眼指向地图的任意地方，指到哪儿就要描述该区域的能源状况。如果你不了解具体情况，可以猜一下！每个人都陈述完后，负责计算机检索的组员再揭晓每个人的陈述准确与否，并提供实际信息。相关信息可以在下面的网站找到：data.worldbank.org/topic/energy-and-mining www.iea.org/weo/slide_library.asp。

级别 ③ ② ●

4.12 能源和贫困。能源可及度与贫困之间有着直接的联系。电力等能源可以帮助家庭和社区改善生活。以小组为单位进行头脑风暴，探讨贫困如何导致电力可及度降低，再一起想想电力如何帮助家庭和社区脱贫（资料来源：澳大利亚女童军）。

4.13 社区能源辩论。要想降低全球碳足迹，社区里不同的群体就得团结起来。分成两到三个成员小组，各组将代表所在社区的企业、政府、社区团体或青年组织等不同群体。选择本地社区面临的某个具体能源问题，比如塑料袋的使用、可再生能源补贴、新能源工厂建设或塑料瓶回收。各小组集思广益，讨论特定社会群体对特定问题的价值判断和观点。想想你所代表的群体能为减少社区环境影响做些什么。然后，模拟社区辩论，共同想出解决能源问题的办法，一起减少社区碳足迹。当各组意见不同时，是不是很难提出解决方案？（资料来源：澳大利亚女童军）。

4.14 经老师或领队同意，可以开展其他活动。

级别 ① ② ③

第五章

行动起来

在5.1和5.2中选择一项必选活动，并至少完成一项自选活动。

完成"行动起来"的活动后，你将能：

* 组织和参与社区节能倡议。
* 说服其他人一起节约能源和使用清洁能源。

能源徽章训练课程

在下列必选活动中
选择一项：

5.1 能源承诺树。说服朋友和家人一起节约能源。在学校或者社区找一个地方，制作你的承诺树。制作承诺树，需要一面空白的墙或一块大海报板、若干小彩色纸片或便签、胶带和笔。在这个互动展览中，你的家人、朋友和社区邻里可以做出自己的节能承诺。承诺树的展期可以是一天、一周、一个月或更长时间。如果做出承诺的人足够多，写着承诺的小彩纸就能组成树的形状。承诺可以是：使用可重复利用的购物袋和水瓶、多拼车出行、电子设备没在使用的时候把插头拔下、离开房间的时候随手关灯。你可以监督朋友和家人有没有履行承诺！哪些承诺你觉得最有创意？能源承诺树做完了，可以拍张照片留念，还可以联系本地报纸、电视台等新闻媒体，跟他们聊聊你所做的事情。

级别 ③ ② ①

5.2 实现可持续发展目标。选定一个可持续发展目标（例如，消除贫困、零饥饿、良好健康与福祉、优质教育、性别平等、清洁饮水和卫生设施、负担得起的清洁能源、气候行动、水下生物、陆地生物等）。以所选目标为主题，制作一张海报，想想在日常生活中可以为实现目标做些什么。

级别 ③ ② ⚫

在下列自选活动中
至少选择一项：

5.3
③
②
①
级别

地球一小时。"地球一小时"是关于气候变化和能耗的全球意识活动，每年三月的最后一个星期六举办。在"地球一小时"活动中，许多人会选择关灯，参加一些不费电或不消耗其他能源的活动。你的社区组织"地球一小时"活动了吗？参与"地球一小时"活动，或者自己组织相关活动吧！如果你决定自行组织活动，时间可与"地球一小时"同天，也可以另择一天。你可以在这里找到更多信息：www.earthhour.org。

5.4
●
●
①
级别

逆流而上。想想你每天会消耗能源的所有活动。如果你不得不放弃其中三个耗能活动，你的生活会受到什么影响？可以尝试一天，在日记上记录对你生活的影响。这一天中，你最怀念的是什么？你最不挂念的是什么？你的答案和朋友的答案有何异同？

5.5
●
●
①
级别

节能小贴士。制作节能小贴士，可以贴在家里，也可以贴在学校或者开组会的地方。贴士上可以写"记得关灯""记得切断电子设备电源""刷牙时关闭水龙头"等等，贴士可以写在贴纸、索引卡或小纸片上，张贴在电灯开关上、电子设备上和洗手池附近。把家庭、学校和组会教室消耗能源的不同方式尽数列成清单，以此提醒大家，如果我们注意节能、注重可持续，我们将会节省多少能源！

随手关灯！

能源徽章训练课程

5.6 能源艺术展。筹划艺术项目并在学校、图书馆、医院或娱
级别 ③ ② ① 乐中心等社区场所展出。可以在艺术创作中畅想未来世界
的理想能源，也可以自选其他能源主题，还可以用本应回
收的废弃材料来画画或制作展品。展示作品时，一定要包
括关于能源重要性的信息。

5.7 居家节能。列出家中的所有耗能点。如果条件允许，可以了解
级别 ③ ② ① 一年中每周或每月各消耗了多少燃料或电能。你们家的能效高
吗？还有提升空间吗？举个例子，使用节能电器、换用 LED 照
明、给门窗加设通风控制设施都可以提高能效。另外，光是把
空调温度调低一度，就可以减少 10% 的取暖耗能。在这里可以
找到更多技巧和点子：www.energysavers.gov/tips。

试着运用居家节能小技巧。家里的能源使用有变化吗？和家人
谈谈如何降低能耗，也许省下来的电费和煤气费可以变成你的
零花钱。

5.8 绿色布景。在社区举办一个节能派对，展示节约能源的各种
级别 ③ ② ① 方法，从选择低能耗食物到使用可重复清洗、可重复使用的杯
子、盘子，再到使用高能效灯泡。把这次活动办成最节能的派
对！要制作小卡片，解释派对的每个物资细项如何贯彻了可持
续能源的目标理念。

5.9

级别 ③ ② ①

不浪费就不会匮乏。你知道吗，大约三分之一的食物最后要么被损毁要么被浪费？你有没有想过，随之而来的是多少能源的浪费？仅在美国，每年减少粮食浪费就可以节省约3.5亿桶石油的能源当量。从现在开始关注家里的食物浪费，把你的观察记录下来，和家人谈谈如何减少食物浪费。访问以下网页发现小技巧和好点子：www.thedailygreen.com/going-green/community-tips/ reduce-food-waste-460708。一周后，和朋友对照笔记：哪些点子有效减少了食物浪费？哪些点子效果不佳？

5.10

级别 ③ ② ①

灯光！摄像！开拍！以小组为单位，做一个简短的报告或者拍一个短片，告诉社区居民如何在日常生活中节约能源。想想作为个体可以为节约能源做些什么，哪些节能措施与你的社区联系最为密切。在短片中可以尽情使用服装、道具、图纸或其他材料。也可以编排一出节能短剧，向同学或社区表演。

5.11

级别 ③ ② ●

发博客！创建一个关于能源的小组博客。你可以写可持续能源对所有人的重要性，记录每天提高能效的新想法，点缀上组员创作的诗歌、散文和能源故事，让博客变得更有趣。尽情发挥创意！博客可以每天更新一个节能贴士或一篇能源主题的新闻报道。把链接发给亲朋好友，邀请他们关注你的博客并留言评论。

5.12

社区能源运动。这里的运动是指人们为了实现共同目标而一起努力。想一想在社区发动什么样的能源运动，能够达成对你而言很重要的某个能源目标？关于运动目标，这里举一些例子，可以是增加学校里使用可重复利用水瓶的人数，也可以是向居民介绍社区回收项目，或者是加大学校和社区的节能力度。你可以参加现有的环保活动，也可以和朋友一起发起新的环保活动。

制定一个有创意的计划来实现你的目标。

5.13

资助你的"最爱"。以团队为单位，研究世界各地能源开发项目。你可以从以下网页获取相关信息：www.practicalaction.org/energy 或 www.powertheworld.org。哪些项目你最感兴趣？选定一个项目，然后想办法为所选项目筹集资金、提升知名度。可以回收废弃材料来制作展品并举办美术手工展，也可以举办抽奖活动。

5.14

启发和赋能。以小组为单位组织活动，传播关于能效的信息。举办"能源意识日"活动，制作有趣的海报和传单，并印上节能提示。你可以访问以下网站获取灵感：www.alliantenergykids.com/EnergyandTheEnvironment/SavingEnergy/022391；www.tvakids.com/electricity/conservation.htm。

5.15 能源政策。国内都有哪些<u>可再生能源</u>推广或<u>温室气体</u>减排政

级别 ③

策？查一查有没有相关政策、财政激励、产品能源标准，或者由政府资助的能源教育项目？如果条件允许，还可以阅读实际的能源政策文本，进一步了解国内现行的能源政策。相关政策该如何完善？或者说，你会推荐什么样的政策？小组讨论，看看能产生什么样的想法。你认为制定能源政策重要吗？拿出理由来支持你的观点。这些政策对你个人有影响吗？有什么影响？

5.16 低强度露营。策划一次节能的露营出行活动。仔细规划

级别 ③

你的露营之旅，在郊游时尽量减少<u>温室气体排放</u>。想想如何前往营地、吃什么食物、如何处理垃圾、开展什么活动。发挥创造力，尽量减少旅途的<u>碳足迹</u>，尽可能节省能源。

5.17 经老师或领队同意，可以开展其他活动。

级别 **① ② ③**

✔ 自查表

及时跟进课程活动完成情况，全部完成即可获得能源挑战徽章！

能源

联合国挑战徽章

姓名：...

年龄： ① 5～10岁　　　② 11～15岁　　　③ 16岁及以上

	活动编号	活动名称	完成日期	领队签字
第一章 能源 即生命				
第二章 能源的来源和 影响				
第三章 能源的使用				
第四章 能源创造更美好 的世界				
第五章 行动起来				

资料
和更多信息

最新资讯

这本挑战徽章训练手册是青年与联合国全球联盟及其合作伙伴开发编写的补充资源与学习材料。想要获取更多资料，可以访问www.fao.org/yunga，或发送电子邮件至以下邮箱，订阅获取最新材料推送：yunga @ fao.org。

分享见闻

我们很想知道：你是怎么使用这本挑战徽章训练手册的？你特别喜欢哪方面的内容？有没有新的活动创意？请把你的点子发送给我们，以便我们分享给更多人，并改善课程设置。我们的邮箱是yunga @ fao. org。

证书和徽章

如需获取证书和布质徽章作为完课奖励，请发送电子邮件至yunga @ fao.org！证书将免费发放，布质徽章则需额外购买。学员也可以从以下网站下载模板和素材，自行打印布质徽章：www.fao.org/yunga。

网站

下面的网站提供了教案、实验、文章、博客、视频等各类实用教学材料，在指导学生、学员参加徽章挑战时可以派上用场。

地球日（Earth Day）是每年的4月22日，这一天也被称为"国际地球母亲日"。地球日活动多种多样，可以是环境教育活动，也可以是学校能效提升倡议。地球日活动每年吸引超过10亿人参加，涵盖能效和可再生能源等主题的行动和培训。访问网页可以了解更多信息：www.earthday.org。

地球一小时（Earth Hour）在每年3月的最后一个星期六举行。地球一小时是全球规模最大的活动，世界各地晚上关灯断电一小时（20:30—21:30），以此提高能源使用和气候变化方面的认识！访问以下网页参与活动：www.earthhour.org。

美国能源信息局（儿童版块）（Energy Kids）向孩子们传授各式能源的知识和节能的方法。访问以下网站可以获取相关信息：www.eia.gov/kids。

美国能源局能源之星（儿童版块）（Energy Star Kids）提供有趣的游戏活动，帮助孩子深入认识能源，了解节能方法。感兴趣的可以访问以下网站：www.energystar.gov/index.cfm?c=kids.kids_index。

联合国粮农组织能源智能型粮食计划（FAO Energy）网站提供了关于能源与农业两者间关系的信息：www.fao.org/energy/en/。

"觉醒的一代"（Generation Awake）是一个在线交互式房屋模拟器，能够为玩家提供家庭节能小贴士：www.generationawake.eu/en

您可以在以下页面找到"觉醒的一代"消费指南：www.generationawake.eu/ guide/2720_Guide percent20EN_links.pdf。

《儿童地理学与地质学》（Geography and Geology for Kids）是一本交互式的地理教材，包含碳循环和大气知识等章节：www.kidsgeo.com/index.php。

全球风能日（Global Wind Day）是每年的6月15日，旨在促进对风能潜力的认识和对风能的利用。在全球风能日，人们可以参观风电场、会见风能专家，并采取行动推广风能。访问以下网页加入倡议：www.globalwindday.org。

美国航空航天局气候儿童版块（NASA'S Climate Kids）是一个互动平台，提供气候变化相关信息和游戏，也包含能源领域的内容：http://climatekids.nasa.gov/menu/energy/。

国家能源教育发展项目（Need, National Energy Development Project）为教师和学生提供能源相关信息，网站上有能源主题的演示文稿和其他相关网站的链接：www.need.org。

国家地理（National Geographic）是一个互动网站，上面有关于全球能源信息的文章、测验和学习游戏，还有节能小贴士。http://environment.nationalgeographic.com/environment/energy/great- energy-challenge/。

大自然保护协会（Nature Conservancy）提供了实用的碳足迹计算器：www.nature.org/greenliving/carboncalculator/index.htm。

人人享有可持续能源（Sustainable Energy for All）是一个联合国网站，聚焦人人享有可持续能源的需求和到2030年前实现这一目标的方法：www.sustainableenergyforall.org。

美国能源部（儿童版块）（United States Department of Energy Kids）为有节能想法的青少年儿童准备了教案和有趣的活动：www.eere.energy.gov/kids/games.html。

美国国家环境保护局（United States Environmental Protection Agency）制作了一部碳循环互动电影，你可以访问以下网页观看：www.kidsnewsroom.org/ climatechange/carbon_cycle_version2.html。

联合国能源机制（UN-Energy）推出了能源领域的出版物、文章和活动：www.un-energy.org。

联合国欧洲经济委员会（The United Nations Economic Comission for Europe）是联合国五个区域委员会之一。欧洲经委会积极参与可持续发展目标相关工作，可以访问以下网站了解其能源活动：www.unece.org/energy.html。你还可以在这个网站了解特定欧洲经委会国家的可再生能源数据和趋势：www.unece.org/energywelcome/areas-of-work/renewable-energy/unece-renewable-energy-status-report.html。

资料和更多信息

世界女童军协会（World Association of Girl Guides and Girl Scouts）的网站上载有许多与全球问题相关的资源和新闻报道，也有能源、环境方面的活动：www.wagggsworld.org。

 《世界能源展望》（*World Energy Outlook*）是国际能源署的出版物，提供大量关于能源的信息和分析，其中还包含能源贫困方面的内容：www.worldenergyoutlook.org。

 世界环境日（World Environmental Day）是每年的6月5日。世界环境日当天，人们通过提高气候变化、粮食浪费、可再生能源等方面的认识，践行保护地球的愿景。世界环境日活动包括以艺术传播环保信息、承诺减少环境足迹等。访问以下网页获取更多信息：www.unep.org/wed。

词汇表

获取（Access）：在这本挑战徽章训练手册中，"获取"是指拥有负担得起的、可用的、稳定的电力。

酸雨（Acid Rain）：任何会危害环境、特别是破坏水生态系统和森林的含酸降水（雨、雪、雨夹雪）。酸雨由空气中的污染物引起，主要污染物来自化石燃料燃烧。

家用电器（Appliance）：需要能源（通常是电或天然气）驱动的大型机器，如冰箱、洗衣机、热水器等。

大气（Atmosphere）：地球周围空气中的一层气体，是氮、氧和包含温室气体在内的微量气体的混合物。大气通过温室效应保护地球、维持地球温度。

原子（Atom）：世界上一切物质都由名为"原子"的微小粒子组成。这些粒子就像小"积木"，各种原子结合形成不同物质的分子。电子是原子的一部分，可以产生电。

生物柴油（Biodiesel）：一种由植物油、动物脂肪和餐饮废油制成的生物燃料，可用作燃料为车辆、发电机等机器提供动力。

生物多样性（Biodiversity）：世界上多种多样的动植物生命。

生物能源（Bioenergy）：消耗生物燃料产生的可再生能源。

生物燃料（Biofuel）：由生物质直接或间接产出的燃料。生物燃料可以是固态、气态或液态。

沼气（Biogas）：一种以动植物为原料产出的气态生物燃料。当细菌分解有机物并释放甲烷气体时，就产生了类似于天然气的沼气。

生物质（Biomass）：用作燃料或能源的植物体和动物粪便（如木材、厨余和牛粪）。

碳（Carbon）：构成一切生物的一种非金属元素。碳在你体内、

资料和更多信息

青年与联合国全球联盟学习和行动系列

在衣服上、在食物中、在动植物身上，甚至在排泄物里——碳无处不在。碳还存在于海洋、空气和岩石中。生物发生变化或者死亡后，仍然含有碳。生物死后，体内的碳就变成了可用的化石燃料。

碳循环（Carbon Cycle）：地球上的碳在空气、海洋、环境和各种生物间的持续流动。

二氧化碳（Carbon Dioxide）：由碳原子和氧原子构成的无色无臭气体，占空气总体积的不到百分之一，学名是CO_2。二氧化碳被植物吸收后用于光合作用。人类和动物在呼吸时会呼出二氧化碳。燃烧化石燃料和生物质产生的二氧化碳排放到空气中，会加剧气候变化。

碳足迹（Carbon Footprint）：个体或群体因消耗能源（例如，交通出行、用电、供暖、制冷、烹饪）而产生的温室气体排放总量。碳足迹指利用特殊公式换算成二氧化碳当量的温室气体排放量。

化学能（Chemical Energy）：储存在化合物中、能够在化学反应（如电池放电、石油和煤的燃烧等）中释放的势能。

气候（Climate）：某地日常天气的长期平均值或整体情况。

气候变化（Climate Change）：地球总体气候状况（如温度和降水）的变化。气候变化由自然因素（如火山喷发、洋流变化、太阳活动变化等）和人为因素（如化石燃料燃烧）造成。

煤炭（Coal）：一种化石燃料和非再生资源。煤炭是埋藏于土壤底下的一种棕黑色岩石，主要用于发电，由几百万年前埋在沼泽中的树木、蕨类植物和其他植物残骸形成。

热传导（Conduction）：当两个温度不同的固体直接接触时，就会发生热能的传递。

对流（Convection）：当流体移动到不同温度的区域时，热能在液体和气体（流体）内部传递的现象。

堤坝（Dam）：阻挡溪流或河流的屏障。堤坝可以蓄水，放水时产生的水能可用于发电。

降解（Decompose）：动植物遗骸随着时间推移腐烂并分解成基本元素的现象。热、光、细菌、真菌在这个过程中都发挥了作用。沼气和化石燃料分别由遗骸的短期分解和长期分解形成。

毁林（Deforestation）：抹除整片森林或部分森林区域（如砍伐森林和焚烧森林）的行为，目的是获取木材（用以造纸或制造家具等）或将森林土地用于其他用途（如用于耕种或建造房屋）。

发展中国家（Developing Country）：工业和经济活动不太活跃、人民收入水平普遍低下的国家。发展中国家正在努力建设经济，大多数发展中国家严重依赖农业发展经济。几乎所有无电可用的人都生活在发展中国家。

生态系统（Ecosystem）：在特定区域内相互作用的生物（动植物）和非生物（水、空气、岩石等）组成的群落。生态系统小至水坑、大到湖泊，没有明确的规模。地球就是一个庞大而极其复杂的生态系统。

电（Electricity）：微小粒子（电子）自由移动产生的电荷流动。闪电含电，煤或天然气等能源也能发电。照明是电的一种形式，电子设备和电器由电力驱动。

电子（Electron）：构成原子的一种粒子。电子带有负电荷，移动的电子会产生电。

电子设备（Electronics）：插上电源使用电力的设备，比如电视、计算机、手机。

能源消耗（Energy Consumption）：个体或群体活动时（如交

通出行、用电、取暖和制冷、烹饪）消耗的能源。

高能效（Energy Efficient）：减少能源使用或能源浪费的目的就是实现高能效。可以通过节能技术（如节能灯泡、家庭绝热系统、低废热能源生产系统）和日常活动中的节能行动来实现。

能源贫困（Energy Poverty）：能源贫困是指人们无电可用的现象，能源贫困会带来许多健康问题和社会问题。

乙醇（Ethanol）：一种在交通运输领域广泛用作生物燃料的酒精。

肥料（Fertilizer）：添加到土壤或土地以促进植物生长的化学物质或天然物质。

食物链（Food Chain）：生物之间的链接，展现"吃与被吃"的关系。食物链展现个体之间的能量传递，其起点是初级生产者（植物）。

食物网（Food Web）：食物网是更为复杂的食物链，食物网中一种生物可能是多种动物的食物来源。

力（Force）：作用于物体的推动或拉动，会引起物体运动状态的改变。力能将势能（储存的或静止的能量）变成动能（运动的能量）。

化石燃料（Fossil Fuel）：古代动植物遗骸历经数百万年形成的燃料。化石燃料包括石油、煤炭和天然气。化石燃料中储存着大量的碳或甲烷，碳和甲烷燃烧发电并产生其他用途的能量。众所周知，化石燃料的燃烧会造成大量温室气体排放，从而导致气候变化。

性别（Gender）：身为男性或女性的社会角色。在许多文化中，女性和男性在社会中承担不同责任、扮演不同角色。在发展中国家，男女日常责任有着很大差别。

发电机（Generator）：一种将机械能（如涡轮机和发动机的机

械能）转换为电能的设备。

地热能（Geothermal Energy）：源自地下热源的热能。

重力（地球引力）（Gravity）：两个物体之间的相互吸引力，例如让球从山顶滚落山地的力。重力势能是储存在物体高度中的势能，物体所处的位置越高，质量越大，其具有的重力势能就越大。

温室效应（Greenhouse Effect）：大气中的温室气体用太阳的热量温暖地球，并捕获近地的部分热量，从而维持着地球温度。

温室气体（Greenhouse Gas）：地球大气中的气体，包括水蒸气、二氧化碳、甲烷、一氧化二氮和臭氧。这些气体吸收了太阳的能量并保留部分热量，让地球保持暖和。但是，如果大气中的温室气体过多，就会引起气候变化。

温室气体排放（Greenhouse Gas Emission）：自然系统或人类活动将温室气体释放到大气的现象。大量温室气体排放来自燃煤发电和交通运输燃油。

热能（Heat Energy）：地球和太阳为我们提供热能，也称为热力。发电厂利用煤等能源来产生热能和水蒸气，从而实现发电。发电厂、灯泡和电子设备运转也常常产生废热。

水力（Hydropower）：流水的力（机械能）所蕴含的能量。

灌溉（Irrigation）：为土地浇水，使土地适宜开展农业活动。

动能（Kinetic Energy）：运动或运作中的物体。物体由于运动或发光而具有的能量。动能的形式包括辐射能、热能、机械能、声能和电能。

光能（Light Energy）：辐射能（动能）的一种形式，包括来自灯盏和太阳的可见光。

微生物（Microorganism）：一种体积小到肉眼无法观察的生物，

可以通过显微镜看见。

机械能（Mechanical Energy）：运动物体具有的能量（动能）或储存的能量（势能）。

甲烷（Methane）：存在于天然气和沼气中的温室气体。

分子（Molecule）：当单个原子粘在一起时便组成名为"分子"的小簇。不同物质由不同分子构成。例如，二氧化碳分子由一个碳（C）原子和两个氧（O）原子组成，所以二氧化碳的符号是CO_2。

运动能量（Motion Energy）：储存在物体运动中的能量。运动速度越快的物体储存的能量越多。风能是运动能量的一个例子。

天然气（Natural Gas）：一种主要成分是甲烷的化石燃料；天然气燃烧产生可用热能。积聚在水中的生物被埋藏在高温地区的海洋或河流沉积物底下，经过数百万年就形成了天然气。

自然资源（Natural Resource）：存在于环境中的生物和非生物，如阳光、水、空气、土壤、动物、森林、化石燃料、食物。

中子（Neutrons）：原子核中与质子质量相同但不带电荷的粒子。

非再生能源（Non-renewable Energy）：源自非再生资源的能源。非再生能源包括核能、石油、煤、天然气等。

非再生资源（Non-renewable Resource）：用完就无法在短时间内再次生产的自然资源，例如金属和石油。

核能（Nuclear Energy）：分布于岩石和海水中的铀发生核反应所产生的一种非再生能源。

营养物质（Nutrient）：动植物生存和生长所需的化学物质。

燃油（Oil）：一种用作能源的液体燃料，通常来自石油，但也可以来自植物产品（生物燃料）。石油产出的燃油产品通常用于发电和其他能源用途。（在本徽章手册中，"油"通常指代石油）。

生物（Organism）：有生命的物体，比如植物、动物、微生物。

氧气（Oxygen）：我们呼吸的无色无味的气体。

石油（Petroleum）：也叫做原油，一种化石燃料，主要由碳组成，石油燃烧产生可用热能。石油是数百万年前在水中集聚并被埋在海洋或河流沉积物底下的生物遗骸形成的。

光合作用（Photosynthesis）：植物获取阳光能量、摄入二氧化碳和水，由此生成自身化学能、为自身提供食物（糖和其他有用的化学物质）的过程。

管道（Pipeline）：用于输送天然气和石油的长管道。常常埋于地下。

污染物（Pollutant）：可能损害环境和人体健康的化学品或其他有害物质。燃烧化石燃料和生物质会产生氮氧化物、二氧化硫和重金属等空气污染物。一些污染物还会对人体健康和环境产生长期影响，并导致酸雨。

势能（Potential Energy）：物体中储存的能量。需要某种力才能将势能转化为动能，例如将球拉下山的重力。势能的形式包括化学能、核能和储存的机械能。

贫困（Poverty）：没有足够的钱或资源来满足食物、水、居住地、教育等基本需要，就是贫困。能源贫困是指无电可用的情况，能源贫困会造成许多健康问题和社会问题。

功率（Power）：衡量在一定时间内做了多少功，指的是能量被使用或被转化为另一种形式的速度。

电线（Power Lines）：用于传输电能的导线。

发电厂（Power Plant）：一种通常包含涡轮机和发电机等发电设备的中央电站。大多数发电厂使用化石燃料发电，但使用可再生资源发电的电厂也越来越多。

降水（Precipitation）：水蒸气在大气中以雨、冻雨、雪或冰雹等形式凝聚并降落。

质子（Protons）：原子核中带有正电荷的稳定粒子。

辐射能（Radiant Energy）：在空间中传播的动能，如光能或无线电波。

辐射（Radiation）：热对象以波的形式传递热能的过程。

放射性（Radioactive）：不稳定的原子向周围环境释放能量的性质。放射性粒子的分解会在地下深处产生热能。强放射性物质对人类和环境而言都很危险，比如核能生产遗留的放射性材料。放射性粒子在很长一段时间后才会失去放射性。

可再生能源（Renewable Energy）：源自可再生资源。可再生能源包含地热能、风能、生物质和生物燃料、水能及太阳能。

可再生资源（Renewable Resource）：通过地球的自然过程可以在短时间内重新产生的自然资源。空气、水和森林是可再生资源。

太阳能（Solar Energy）：来自太阳的能量（辐射能的一种形式），可以转化为电能和其他形式的可用能量。

声能（Sound Energy）：人耳可以听到的振动的能量（例如，振动的鼓具有声能）。

可持续/可持续性（Sustainable/Sustainability:）：随着时间的推移保持稳定水平的能力，比如保持相对稳定的自然资源数量。

可持续发展目标（Sustainable Development Goals）：联合国为了在2030年前消除贫困和饥饿、改善医疗卫生和教育、应对气候变化、保护环境而制定的17项目标。

热力（或热能）〔Thermal Energy（or Heat）〕：物体中原子和分子运动而产生的能量。地热能是地球的热力。

潮汐能（Tidal Energy）：由海洋的潮汐所产生的能量。潮汐是因为月球和太阳的引力以及地球的自转而产生的。

潮差（Tidal Range）：满潮和干潮海面高度之间的差值。最大的潮差称为大潮，最小的潮差称为小潮。

涡轮机（Turbine）：因风、水、蒸汽、气体或其他流体的能量而做圆周运动的装置。涡轮机将液体和气体流动的能量转换为机械能（例如，风车和水车）。几乎所有的电能都是依靠涡轮机产生的。

铀（Uranium）：一种用于产生核能的重金属。自然分布于大多数岩石中，甚至存在于海水中。

水蒸气（Water Vapour）：液态水蒸发或沸腾而成的气态水。水蒸气是空气中自然存在的一种温室气体。

风能（Wind Energy）：来自流动空气的能量（机械能）。风能是由于地球表面受热不均而产生的可再生能源。

你的笔记

青年与联合国全球联盟学习和行动系列

致谢

感谢所有为编写这本《能源挑战徽章训练手册》付出努力的人。特别感谢各个组织，感谢世界各地热心参与多份初稿试用和修改的童子军、学校与个人。

特别感谢萨阿迪亚·伊克巴尔（Saadia Iqbal）和埃米莉·罗德里格斯（Emily Rodriguez）编写了文案初稿。感谢阿图罗·安德森·钦布阿（Arturo Andersen Chinbuah）、阿拉西亚·戈尔德斯（Alashiya Gordes）、法里哈·伊克巴尔（Fareeha Iqbal）、福齐亚·伊克巴尔（Fauzia Iqbal）、阿明娜·卡德尔扎诺娃（Amina Kadyrzhanova）、伊丽莎白·劳森（Elizabeth Lawson）、米格玉辉·刘（Misgyuhui Liu）、苏珊娜·雷德芬（Suzanne Redfern）、塞尔希奥·里韦罗·阿查（Sergio Rivero Achá[①]）、路易斯·林肯（Luis Rincon）、詹卢卡·桑布奇尼（Gianluca Sambucini）、鲁本·塞萨（Reuben Sessa）、伊莎贝尔·斯洛曼（Isabel Sloman）、山胁大（Dai Yamawaki）等人对《能源挑战徽章训练手册》的贡献。

手册中部分插图是从各项绘画比赛收到的2万多幅参赛画作中选出的。如果想了解当前的比赛和活动，可以访问我们的网站（www.fao.org/yunga）或订阅免费的邮件推送（发送电子邮件至yunga@fao.org）。

联合国粮农组织（FAO）青年与联合国全球联盟（YUNGA）协调员兼青少年联络员鲁本·塞萨（Reuben Sessa）在本书编写过程中承担了协调和编审工作。

---

① 译者注：原文为"Sergio Rivero Acha"。经查证，应为"Sergio Rivero Achá"。

本手册由瑞典国际开发合作署（Sida）资助编写。www.sida.se

下列组织也参与了本手册的编写：

联合国粮食及农业组织

粮农组织引领国际行动，确保人们拥有享受健康生活所需的营养食物。粮农组织充分调度与粮食生产有关的资源，包括森林、渔业和农业。帮助各国以高能效的方式生产各种营养食物。还致力于可持续生物能源项目，以服务所有国家。作为知识和信息的来源，粮农组织也帮助各国制定应对粮食和能源挑战的政策和协议。www.fao.org/climatechange/youth/en

世界女童军协会

世界女童军协会是一个世界性组织，旨在提供非正规教育，让女童和年轻妇女通过自我提升、完成挑战和参与冒险来培养锻炼领导能力和生活技能。女童军在实践中学习。协会由来自全球145个国家的女童军协会组成，在全球拥有1 000万成员。www.wagggsworld.org

世界童子军运动组织

世界童子军运动组织是一个非营利、无党派、独立的全球性童军运动组织，旨在促进团结及壮大童子军的同时增进人们对童子军宗旨和原则的理解。www.scout.org

联合国能源机制

联合国能源机制的宗旨是在联合国系统下建立能源领域连贯一致的方法，并促进联合国与非联合国关键利益攸关方之间的合作交流。联合国能源机制支持各国提升能源可及度、开发可再生能源、提高能源效率。机制的作用是增进信息交流、鼓励和促进联合拟订方案、制定以行动为导向的协调办法。www.un-energy.org

联合国欧洲经济委员会

欧洲经委会的可持续能源工作旨在提高全人类经济适用清洁能源的可及度，并帮助减少欧洲地区能源领域的温室气体排放和碳足迹。欧洲经委会促进各国政府、能源行业和其他利益相关者开展彼此间的国际政策对话与合作。委员会的聚焦能源效率、使用化石燃料实现清洁发电、可再生能源、煤矿瓦斯（煤层气）、天然气、能源分类、矿产储量和矿产资源、能源安全等领域。

www.unece.org

图书在版编目（CIP）数据

能源挑战徽章训练手册／联合国粮食及农业组织编
著；张龙豹等译. —北京：中国农业出版社，2022.12
（FAO中文出版计划项目丛书. 青年与联合国全球联
盟学习和行动系列）
ISBN 978-7-109-30335-5

Ⅰ.①能… Ⅱ.①联… ②张… Ⅲ.①能源—青少年
读物 Ⅳ.①TK01-49

中国国家版本馆CIP数据核字（2023）第002422号

著作权合同登记号：图字01-2022-3768号

能源挑战徽章训练手册
NENGYUAN TIAOZHAN HUIZHANG XUNLIAN SHOUCE

中国农业出版社出版
地址：北京市朝阳区麦子店街18号楼
邮编：100125
责任编辑：郑　君
责任设计：王　晨　责任校对：吴丽婷
印刷：北京通州皇家印刷厂
版次：2022年12月第1版
印次：2022年12月北京第1次印刷
发行：新华书店北京发行所
开本：700mm×1000mm　1/16
印张：12.25
字数：235千字
总定价：150.00元（全2册）

《能源挑战徽章训练手册》旨在展示能源对地球生命和日常生活的重要作用。这本手册着眼于不同能源，探讨了人们使用能源的方式以及能源对地球的影响，激励年轻人节约能源并努力增加获得清洁能源的机会。

封面设计：田　雨

☞ 欢迎登录中国农业出版社网站：http://www.ccap.com.cn

☎ 欢迎拨打中国农业出版社读者服务部热线：010-59194918，65083260

🛒 购书敬请关注中国农业出版社
天猫旗舰店：

中国农业出版社
官方微信号

✉ 乡村振兴分社投稿邮箱：1377642004@qq.com

ISBN 978-7-109-30335-5

9 787109 303355 >

总定价：150.00元（全2册）